普通高等院校机械基础实验规划教材
四川省实验教学示范中心系列实验教材

机械基础实验教程

第 2 版

主　编　秦小屿
副主编　杨乾华　陈卫泽
主　审　夏　重

西南交通大学出版社
·成　都·

内 容 简 介

本教材紧密结合"机械基础"课程(也可是"机械原理"和"机械设计"两门课程)的实验教学内容而编写。全书共分三部分,第一部分介绍了实验教学的意义、目的、体系结构、实验类型和实验教学的发展趋势;第二部分和第三部分分别为"机械原理"和"机械设计"方面的实验项目、内容、步骤等。在选择实验设备上,尽量选择与工程背景相符合的机电一体化设备;在实验内容中,尽量给学生留下自主选择的空间,以利于培养高素质的工程技术人才。

本书可作为普通高等院校及职业技术学院的实验教材或参考书,也可供教师、实验室工作人员参考。

图书在版编目(CIP)数据

机械基础实验教程 / 秦小屿主编. —2 版. —成都:
西南交通大学出版社,2014.1(2018.1 重印)
普通高等院校机械基础实验规划教材
ISBN 978-7-5643-2869-6

Ⅰ. ①机… Ⅱ. ①秦… Ⅲ. ①机械学–实验–高等学校–教材 Ⅳ. ①TH11-33

中国版本图书馆 CIP 数据核字(2014)第 022650 号

普通高等院校机械基础实验规划教材

机械基础实验教程

第 2 版

主编 秦小屿

*

责任编辑 孟苏成
封面设计 墨创文化
西南交通大学出版社出版发行
四川省成都市二环路北一段 111 号西南交通大学创新大厦 21 楼
邮政编码:610031 发行部电话:028-87600564
http://www.xnjdcbs.com
成都蜀通印务有限责任公司印刷

*

成品尺寸:185 mm×260 mm 印张:8.5 插页:1
字数:209 千字
2014 年 1 月第 2 版 2018 年 1 月第 7 次印刷
ISBN 978-7-5643-2869-6
定价:18.00 元

图书如有印装质量问题 本社负责退换
版权所有 盗版必究 举报电话:028-87600562

再版前言

实验是自然科学的基础,是科学研究的重要方法,是一切科学创造的源泉。没有足够的实验研究经验,就不可能解决实际问题,也提不出什么实质性的理论。

在各类高等学校的教学中,无论是培养研究型人才,还是培养应用型人才,实验教学都是最重要的环节之一。

正是为了适应现代教育的发展需要,为了培养动手能力强,能分析和解决实际工程问题的专门技术人才,我们组织编写了本教材。在教材编写过程中,在考虑简明实用的基础上,我们尽量选择与工程背景相符合的机电一体化设备,提出最新的实验方法,并在实验内容、实验过程中,尽量地给学生留下了自主选择的空间,同时提出许多思考问题,有利于提高学生分析问题和解决问题的能力,培养高素质的工程技术人才。

本书紧密结合机械基础课程中的"机械原理"和"机械设计"两门课程的实验教学内容编写。全书共分三部分,第一部分介绍了实验教学的意义、目的、体系结构、实验类型和实验教学的发展趋势,第二部分和第三部分分别为"机械原理"和"机械设计"方面的实验项目、内容、步骤等。

与其他实验教材相比,本实验教材显著的特点是:实用性、先进性和灵活性。实用性是指教材内容不仅紧密结合我国实验教学的基本要求,而且还尽量选择与工程背景相符合的设备、仪器等,使实验教学既满足教学要求,又结合实际工程;先进性是指教材中的实验内容、实验设备、试验方法都是尽量采用先进的设备、仪器和最新的方法;灵活性是指在实验内容、实验过程中,给学生留下了很大的自主选择的空间和讨论空间,有利于培养学生独立工作的能力,增强学生的团队精神。

本书由西华大学与西南科技大学联合编写:西华大学秦小屿(第一章,第二章第一、四、五节,第三章第四节、第五节),西南科技大学杨乾华(第二章第六、七节,第三章第六、七节),西华大学陈卫泽(第二章第二、三节,第三章第一、二、三节)。全书由秦小屿担任主编,杨乾华、陈卫泽担任副主编;夏重担任主审。

由于编者水平所限,书中难免有不当之处,肯请读者批评指正。

编　者
2013 年 12 月

目　录

第一章　概　论 ··· 1
第一节　实验教学的意义、目的和方法 ··· 1
第二节　机械基础实验的体系结构 ··· 3
第三节　机械基础实验教学的发展趋势 ··· 5

第二章　机械原理实验 ·· 6
第一节　平面机构运动简图测绘实验 ·· 6
第二节　平面机构运动参数测试与分析实验 ··· 10
第三节　渐开线直齿圆柱齿轮的参数测定实验 ····································· 25
第四节　齿轮范成原理实验 ·· 30
第五节　机构认识实验 ·· 32
第六节　机构综合设计实验 ·· 36
第七节　五连杆机构轨迹综合及其智能控制实验 ·································· 52

第三章　机械设计实验 ·· 60
第一节　带传动实验 ··· 60
第二节　啮合传动实验 ·· 69
第三节　机械传动系统设计及系统参数测试实验 ·································· 73
第四节　减速器的拆装与结构分析 ·· 76
第五节　机械零件及结构认知实验 ·· 81
第六节　复杂轴系拆装及结构分析实验 ··· 90
第七节　液体动压润滑向心滑动轴承实验 ·· 93

实验报告 ··· 101

参考文献 ··· 129

第一章 概 论

第一节 实验教学的意义、目的和方法

一、实验教学的意义

科学实验是知识的源泉,是人类认识自然、改造自然的最直接的活动,是推动社会进步及科技发展的重要动力。据统计,从设立诺贝尔奖以来,获奖项目70%~80%属于实验性成果,这说明科学实验对科技发明的重要性。

实验是自然科学的基础,是科学研究的重要方法,是一切科学创造的源泉,没有足够的实验研究经验,就不可能解决实际问题,也提不出什么实质性的理论。

德国著名物理学家、X射线的发现者威廉·康拉德·伦琴(W.C.Rontgen,1845—1923年)曾指出:"实验是最有力量、最可靠的手段,它能使我们揭示自然之谜,实验是判断假设应当保留还是放弃的最后鉴定。"

对实验这一概念,从不同的角度有不同的认识和看法,但从实验的本质而言,比较准确的概念应该是:实验是指为阐明或检验某一现象,在特定的条件下,观察其变化和结果的过程中所做的工作。也就是说人们按照一定的研究目的,借助某些工具、仪器、设备和特定环境,人为地控制或模拟自然现象,对自然现象和事物进行精确地、反复地观察和测试,以探索内在的规律性。

在各类高等学校的教学中,无论是培养研究型人才,还是培养应用型人才,实验教学都是最重要的环节之一。

二、实验教学的目的

1. 验证理论,扩大知识面

在实验教学的过程中,学生在教师的指导下,根据在理论教学中获得的理论知识,借助于实验室的设备、仪器等特定条件,选择适当的方法,对理论中的对象进行实验研究,将其固有的某些属性呈现出来,以揭示其本质及规律,使学生完成从理性到感性再回到理性的认识过程。实验教学既是加深学生对基本理论的记忆和理解的重要方式,又是理论学习的继续、补充、扩展和深化,是帮助学生扩大知识面的重要手段。

2. 开发智力,培养实验能力

实验教学的核心是加强学生的智能培养,增强其获取知识和运用知识的能力,提高其

用科学方法进行探索的能力，也就是培养学生具有科技工作者的综合实验能力。它包括两个方面：一是基本实验能力，要求掌握本专业常用科学仪器的基本原理和测试技术、技巧，熟悉本专业的基本实验方法和一般实验程序，掌握应用计算机的能力等；二是创造性实验能力，所做实验的总体设计，实验方向的选择，实验方案的确定，综合性分析和新知识的探索等。

3. 探索未知知识领域，完善科学理论

实验教学的发展是让学生结合专业实验、毕业设计和毕业论文等，开发部分设计性的和学生自拟的大型综合实验项目，或直接参与科学研究和新产品开发等工作。使实验教学不仅是学习已知的基本理论和培养实验能力，而且是探索未知的知识领域，开发新产品，总结新的科学理论。

4. 加强品德修养，培养基本素质

实验教学在育人方面有其独特的作用。不仅可以授人以知识和技术，培养学生动手能力与分析问题、解决问题的能力，而且影响学生的世界观、思维方法和工作作风。通过实验教学让学生学习辩证唯物主义的观点，树立艰苦奋斗的献身精神，养成实事求是、一丝不苟的严谨作风，培养团结协作、密切配合、讲科学道德的良好思想品德，使学生具备一个科技工作者不可缺少的基本素质。

三、实验教学的特点

实验教学具有直观性、实践性、综合性的特点。

1. 直观性

在实验中，学生可以观察到很多在课堂教学中用语言难以表达的各种现象，引导学生对观察到的现象进行思考，增强了学生的理解能力，加快了学生的记忆。

2. 实践性

在实验过程中，学生可以亲手操作各种实验设备，用工具拆装多种机械装备，提高了学生的动手能力和解决实际问题的能力。

3. 综合性

实验过程是学生对理论知识的验证、应用和深化的过程。在实验过程中，学生要亲自动手安装、拆卸、操作和测试多种实验设备及机械装置，运用所学理论知识对所观察到的现象进行思考、分析，应用数学工具对所获得的数据进行处理，因此它是一个综合应用知识的过程。

四、实验教学中应注意的几个问题

1. 培养学生对实验的兴趣

"兴趣是最好的老师",在实验教学中,教师应通过多种方式激发与提高学生对实验的兴趣,兴趣会促使学生全身心地投入实验。

2. 培养学生的科学态度和科学精神

实验要求学生具有严肃的科学态度和认真负责的工作作风,往往一步出错将导致整个实验失败,或导致严重的事故发生。因此,在实验过程中应注意培养学生严谨求实、坚忍不拔、锲而不舍的科学精神,实事求是、认真负责、一丝不苟的工作作风。

第二节 机械基础实验的体系结构

一、机械基础实验的分类

机械基础实验有多种分类方式。从教学内容来分,可分为机械原理和机械设计两大类实验;从教学性质来分,可分为演示(参观)性实验、验证性实验、综合性实验、设计性实验、研究性实验;从理论教学与实验教学的联系程度来分,可分为附属理论课的非独立实验和与理论课并列的独立实验。此外,还可分为真实设备实验和虚拟设备实验,必修实验和选修实验,指定项目实验和自拟项目实验等。

不同类型实验的实验目的、方法、特点和适用范围各不相同。

(1)演示(参观、认知)类实验:由教师操作(或提供参观的机构模型、结构模型等),学生仔细观察,认真体会。主要用于加深学生的感性认识,增强对理论的理解。

(2)验证(基本技能训练)类实验:按照实验教材(或实验指导书)的要求,由学生操作验证课堂所学的理论,加深对基本理论、基本知识的理解,掌握基本的实验知识、实验方法和实验技能、实验数据处理,撰写规范的实验报告。

(3)综合类实验:可以是学科内一门或多门课程教学内容的综合,也可以是跨学科的综合。运用多方面知识、多种实验方法,按照要求(或自拟实验方案)进行实验,主要培养学生综合运用所学知识的能力和实验方法、实验技能的培养,提高分析和解决实际问题的能力。

(4)设计类实验:可以是实验方案的设计,也可以是机械系统的实际设计。根据实验任务的要求,学生独立拟定实验方案和步骤(或机械系统的设计),选择仪器设备,并实际操作运行,独立完成实验的全过程,同时形成完整的实验报告。主要培养学生的组织能力、团队精神和自主实验的能力。

(5)研究创新类实验:运用多学科知识,综合多学科内容,结合教师的科研项目,使学生初步掌握科学思维方式和科学研究方法,学会撰写科研报告(论文)和有关论证分析报告。学生在指导教师的指导下,从查资料开始,完成拟定设计方案、方案查新、方案评估、结构设计及样机制作等。主要培养学生的创新意识和创新能力。

二、构建完善的机械基础实验教学体系

（一）建立实验教学体系的必要性

1. 毕业生应具有较强的实践能力

目前普遍存在大学毕业生理论基础知识较好，但动手能力较差，缺乏分析和解决实际问题的能力，缺乏创新精神，社会适应性较差等问题。因此，高等学校应该强化实验环节的教学，加强学生动手能力的培养，提高解决实际生产问题的能力。

2. 实验教学是能力培养的重要环节

培养具有创新精神和实践能力的合格人才，实验教学有着特殊的重要作用。通过实验教学和科学实验，可以有效地加强技能训练，提高学生运用科学知识和方法探索创新的能力。

（二）建立实验教学体系的基本要求

1. 扩大综合性、设计性实验比例

为了提高学生分析问题和解决问题的能力，在设计实验项目时，应减少验证型实验，增加综合性、设计性实验。

2. 开设创新性实验

创新性实验是指通过实验获得新的发现与发明，获得新的技术与方法，探索未知领域且创造出具有一定社会价值的原创性实验。通过这类实验，有助于树立学生勇于探索的精神，有助于培养学生的创新思维和创新能力。

（三）机械基础实验教学内容体系的构成

根据机械基础教学内容，机械基础实验教学体系由"机械原理"和"机械设计"两大类实验组成，按性质分为演示（参观）类实验、验证类实验、综合类实验和设计类实验等。

1. 机械原理类实验的组成

（1）平面机械运动简图测绘实验（基本技能训练实验）。
（2）平面机构运动参数测试与分析实验（设计或综合类实验）。
（3）渐开线直齿圆柱齿轮的参数测定实验（基本技能训练实验）。
（4）齿轮范成原理实验（验证类实验）。
（5）机构认识实验（认知类实验）。
（6）机构综合设计实验（设计或综合类实验）。
（7）五连杆机构轨迹综合及其智能控制实验（研究类实验）。

2. 机械设计类实验的组成

（1）带传动实验（基本技能训练实验）。
（2）啮合传动实验（基本技能训练实验）。

(3）机械传动系统设计及系统参数测试实验（设计或综合类实验）。
(4）减速器的拆装与结构分析（设计或分析类实验）。
(5）机械零件及结构认知实验（认知类实验）。
(6）复杂轴系拆装及结构分析实验（设计或分析类实验）。
(7）液体动压润滑向心滑动轴承实验（验证类实验）。

第三节　机械基础实验教学的发展趋势

一、新设备、新工具和新技术在实验教学中的应用

在现代机械设计与制造中，大量地使用了各种先进的设备及技术，为了适应现代机械的要求，在各种实验中我们应该尽量使用现代化的工具、设备，尽量使用最新的技术，使学生熟悉各种现代化的工具、设备，了解和掌握更多的新技术，为以后的工作打下良好的基础。

二、信息技术在实验教学及管理中的应用

（一）虚拟实验是实验教学的重要组成部分

虚拟实验，就是利用计算机辅助设计（CAD）和计算机辅助工程（CAE）的技术和功能，将虚拟样品和样机在计算机上进行运动仿真和理论分析。

基于网络的机械基础虚拟实验教学平台具有内容透明性、资源共享性、互动操作性、用户自主性、功能扩展性等特点，它是一个全方位的开放性实验平台，是对传统实验教学的补充和扩展，在一定程度上解决了教学、科研实验经费不足的问题，而且提供了更加灵活方便的交互实验环境，在教学及科研工作中具有广泛应用前景。

（二）网络化有助于提高实验教学的管理效率和水平

高等学校都有比较完善的校园网络，依托校园网的现代信息技术在实验室管理工作中有着越来越多的应用，如实验设备管理、实验项目管理、网上实验选课（预约）、网上成绩发布等。把实验室工作人员从繁杂的基础工作中解放出来，使他们有时间和精力进行创造性的工作。

第二章　机械原理实验

第一节　平面机构运动简图测绘实验

一、实验目的

（1）熟悉并掌握机构运动简图绘制的原理和方法。即根据实际的机器和机构的若干模型，学会如何测绘和绘制机构运动简图。
（2）加深和巩固机构自由度的计算方法及机构具有确定运动条件等知识。
（3）掌握平面机构的结构分析方法。

二、设备和工具

（1）缝纫机头或其他机构模型。
（2）学生自备直尺、铅笔、橡皮、草稿纸等。

三、实验原理

机构运动简图是一种实用、简练的工程语言，是研究机构运动学和动力学问题的一个重要工具。在设计新机器和分析、认识现有机构的轨迹、位移、速度、加速度和受力分析及动作原理时，都要求画出能够表示其运动关系的机构运动简图。

机构是由构件组成的，各构件之间通过运动副连接而成的具有确定的相对运动的构件单元体组合，机构的结构和运动特征是由机构中各运动副的类型和相互位置关系决定的，即仅与机构中所有构件的数目和运动副的数目、类型、相对位置即表现运动的因素有关，而与构件的外形、断面尺寸和运动副的具体构造等无关，即绘图时忽略机构中与运动无关的部分。

机构运动简图的定义：按照"常用构件和运动副简略符号"（表2.1、表2.2、表2.3）的规定，用表示构件和运动副所规定的符号，按一定的比例尺绘制出表示机构的结构和运动特征的简图。机构运动简图应能正确表达出机构以什么构件组成和构件间以什么运动副相连接，即表达出机构的组成形式和设计方案，以构件和运动副组成的符号表示机构。如果其图形不按精确的比例绘制，这种图形称为机构示意图。

表 2.1 常用运动副的符号

运动副名称		运动副符号	
		两运动构件构成的运动副	两构件之一为固定时的运动副
平面运动副	转动副	(V级)	
	移动副	(V级)	(V级)
	平面高副	(IV级)	(IV级)
空间运动副	点接触与线接触高副	(I级) (II级)	(I级) (II级)
	圆柱副	(IV级)	(IV级)
	球面副及球销副	(III级) (IV级)	(III级) (IV级)
	螺旋副	(V级)	(V级)

表2.2 常用机构运动简图符号

在支架上的电动机	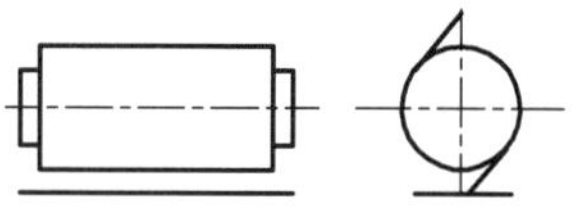	带传动	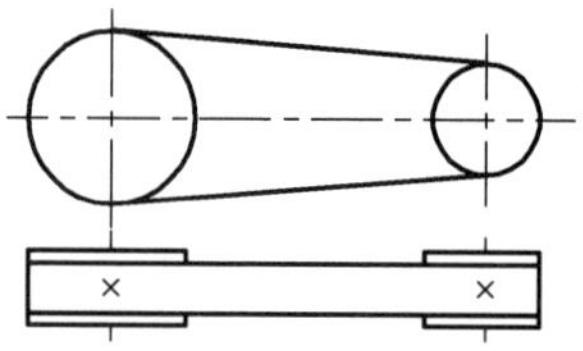
链传动	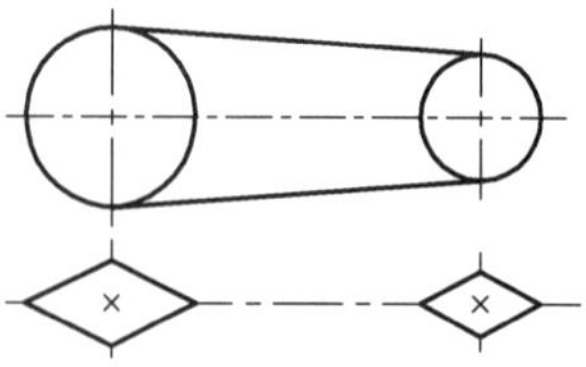	外啮合圆柱齿轮传动	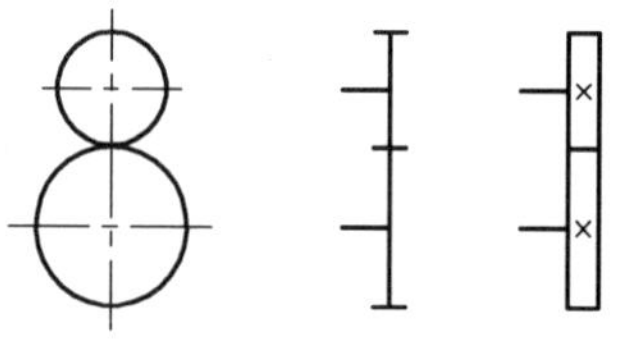
内啮合圆柱齿轮传动	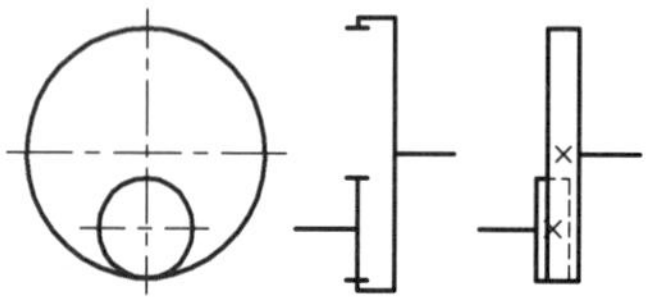	齿轮齿条传动	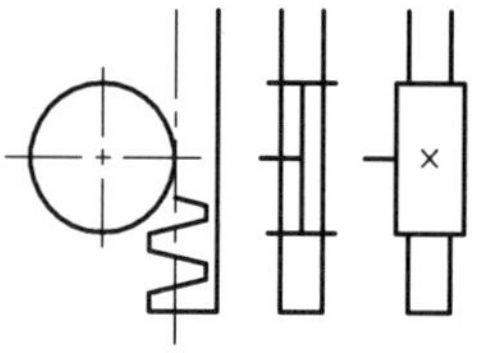
圆锥齿轮传动	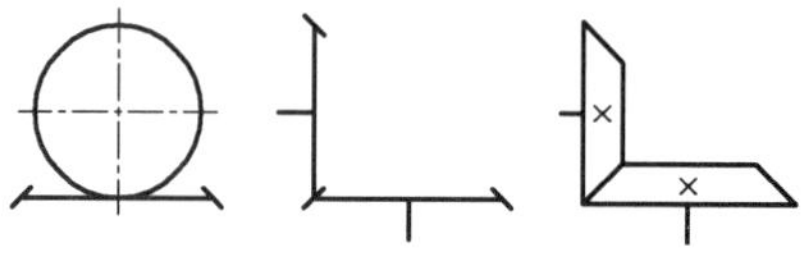	圆柱蜗杆传动	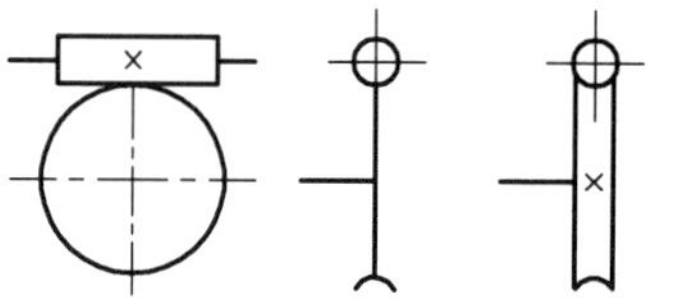
摩擦轮传动	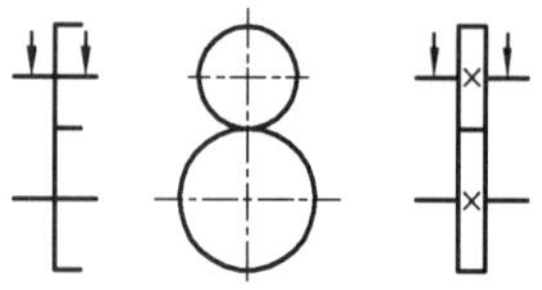	凸轮机构	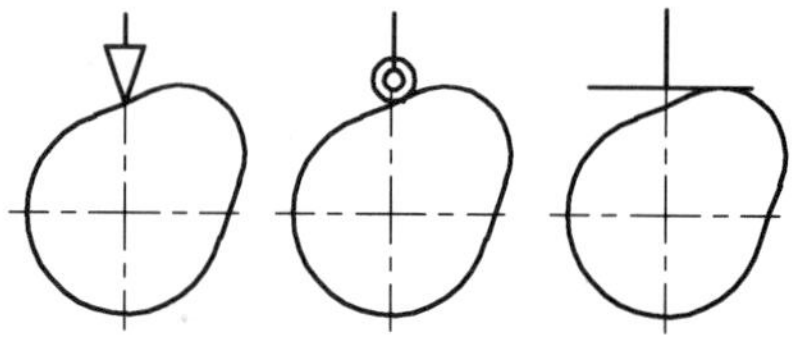
槽轮机构	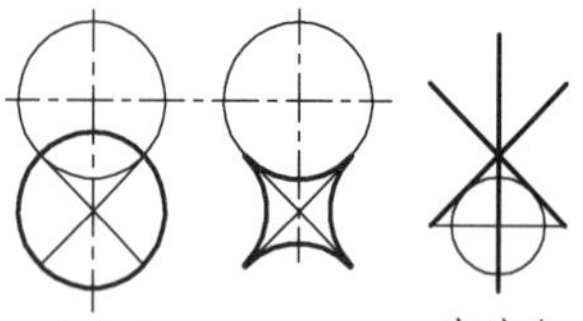 外啮合　　内啮合	棘轮机构	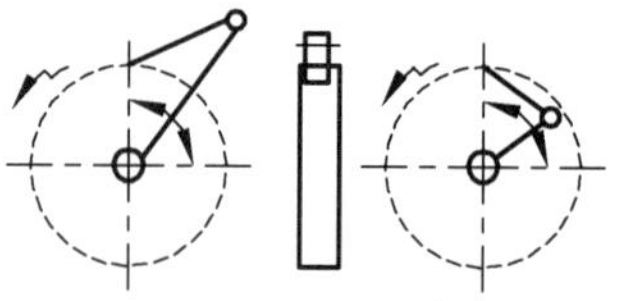 外啮合　　内啮合

表2.3 一般构件的表示方法

杆、轴类构件	
固定构件	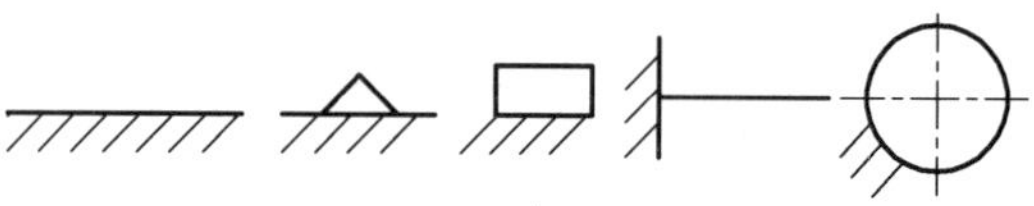

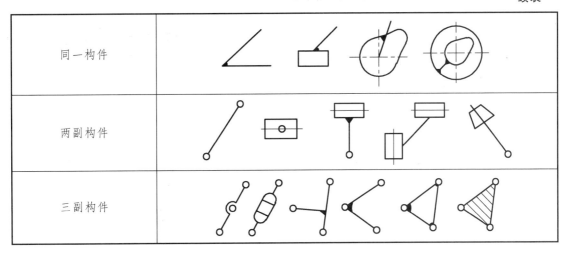

四、实验内容与步骤

（一）分析机构的运动情况，正确选择投影面

分析机构的运动，找到原动件和工作部分，再根据运动传递的路线确定原动件和工作部分之间的传动部分。为了使机构运动简图正确地反映机构的运动特征，要选择测绘投影面，其投影面选择的原则是：一般选择机构中多数构件的运动平面为投影面。对复杂的机构可再选辅助投影面。

（二）确定机构的构件数目

测绘时，首先使机构缓慢地运动，从原动件开始按照运动传动的顺序，仔细观察分析各构件之间的相对运动性质，分清各个运动单元，从而确定组成机构的构件数目。

（三）确定机构运动副的类型和数目

从原动件开始，根据相互连接的两构件间的接触情况及相对运动关系，依此确定运动副的类型及数目。

（四）绘制机构运动简图

仔细测量与机构运动有关的尺寸，如各杆的长度及转动副间的中心距和移动副导路的方向等，选定机构运动瞬时位置及原动件的位置，按构件和运动副的符号及构件的连接次序，从原动件开始，并按确定的比例尺逐步绘制出机构运动简图。

选择机构运动中适当位置并令其停止不动，认真测量各运动副间的距离（构件尺寸），机械工程中常用长度比例尺定义如下：

$$\mu_L = \frac{L_{AB}}{l_{ab}}$$

式中　　L_{AB}——构件实际长度，m；
　　　　l_{ab}——图上线段长度，mm。

根据构件实际长度和图纸的尺寸确定合理的比例尺 μ_L，使简图与图纸比例适中。

画出各运动副相对位置，用线条连接各运动副，即得机构运动简图（机构运动瞬时各构件位置图）。

机械工程设计中，没有按准确比例尺画出的机构运动简图称为机构示意图，由于作图简单，也能基本表达机构的结构和运动情况，故常用机构示意图代替机构运动简图。

（五）计算机构自由度数

根据下面公式计算机构自由度

$$F = 3n - (2p_l + p_h) \tag{2.1}$$

式中　　n——活动构件数；
　　　　p_l——低副数（移动或转动副）；
　　　　p_h——高副数。

将结果与实际机构的自由度数相对照，分析观察其计算结果是否与实际机构相符。特别注意机构中存在虚约束、局部自由度、复合铰链的情况下自由度的计算。

（六）标注各构件及各运动副

从原动件开始，用数字 1，2，3，…，N 分别标注各构件代号，用英文字母 A，B，C…分别标注各运动副代号。

五、思考题

（1）正确的机构运动简图应说明哪些内容？
（2）原动件在绘制机构运动简图时的位置为什么可以任意选定？
（3）什么是机构的自由度？原动件数目与机构自由度数的关系如何？

第二节　平面机构运动参数测试与分析实验

人类对客观世界的认识和改造活动，总是以测试工作为基础的。工程测试技术，就是利用现代测试手段对工程中的各种物理信号，特别是随时间变化的动态物理信号进行检测、试验、分析，并从中提取有用的信号。其测量和分析的结果客观地描述了研究对象的状态、变化和特征，并为进一步改造和控制研究对象提供了可靠的依据。

一台机器或机构的好坏，如何给予评价？一般情况下，我们从其运动特性和其动力特性两个方面给予衡量，而量值则是机构的实际运动参数。怎样获取机构运动参数是本试验要解决的问题。

一、实验目的

（1）通过运动参数测试实验，掌握机构运动的周期性变化规律，并学会机构运动参数如位移、速度和加速度（包括角位移、角速度和角加速度）的实验测试方法。

（2）通过利用传感器、计算机等先进的实验技术手段进行实验操作，训练掌握现代化的实验测试手段和方法，增强工程实践能力。

（3）掌握原动件运动规律不变，改变机构各构件尺寸，从动件运动参数的测量方法。

（4）通过进行实验结果与理论数据的比较，分析误差产生的原因，增强工程意识，树立正确的设计理念。

二、实验原理和方法

机构的运动参数，包括位移（角位移）、速度（角速度）、加速度（角加速度）等，都是分析机构运动学及动力学特性必不可少的参数，通过实测得到的这些参数可以用来验证理论设计是否正确或合理，也可以用来检测机构的实际运动情况。

任何物理量的测量装置，往往由许多功能不同的器件所组成。典型的测量装置如图 2.1 所示。

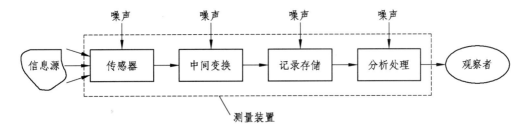

图 2.1 测量装置原理图

在测量技术中，首先经传感器将机构运动参数（非电量）变换成便于检测、传输或计算处理的电参量（电阻、电荷、电势等）后，送进中间变换器，中间变换器把这些电参量进一步变成易于测量或显示的电流或电压（通称电信号）等，使电信号成为一些合于需要又便于记录和显示的信号，并最后被计算机记录、分析、显示出来，供测量者使用。

采用非电量电测法，通过线位移传感器和角位移传感器分别测量曲柄滑块机构中滑块的线位移和曲柄摇杆机构中摇杆的角位移，然后通过微分与计算分别获得滑块的线速度、线加速度和摇杆的角速度、转速、角加速度。

三、实验设备

（一）实验设备的组成

（1）ZNH-B 型平面机构组合测试分析实验台（实验台零件清单见附页）。

（2）光栅式角位移传感器、感应式直线位移传感器。

（3）电源调速器、测试仪、计算机、信号采集与分析系统。

（4）配套、齐全的装拆调节工具。

（二）实验装置的特点

该实验以培养学生的综合设计能力、创新设计能力和工程实践能力为目标。打破了传统的演示性、验证性、单一性实验的模式，建立了新型的设计型、搭接型、综合性的实验模式。本实验提供多种搭接设备，学生可根据功能要求，自己进行方案设计，并将自己设计的方案亲手组装成实物模型。形象直观，安装调整简捷，并可随时改进设计方案，从而培养学生的创造性和正确的设计理念。

（三）实验数据采集系统软件说明

1. 主界面（见图2.2）

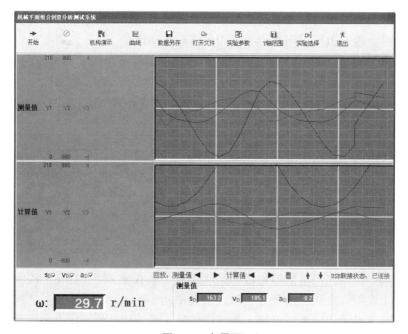

图2.2 主界面

（1）主控栏，如图2.3所示。

图2.3 主控栏

（2）数据显示栏，如图2.4所示。

图2.4 数据显示栏

(3）曲线显示栏，如图 2.5 所示。

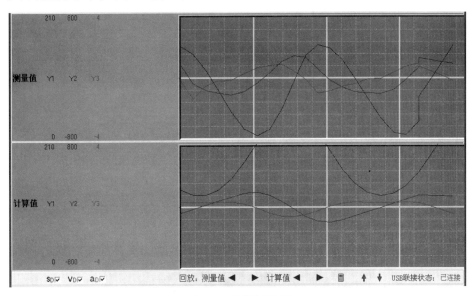

图 2.5　曲线显示栏

2. 程序的主要功能按钮

程序的功能主要由"开始"、"停止"、"机构演示"、"曲线"、"数据保存"、"打开文件"、"实验参数"、"Y 轴范围"、"实验选择"及"退出"十个按钮完成，所以称之为主要功能按钮。

（1）"开始"按钮用于启动数据采样，这时程序开始从仪器采集数据，并自动分析计算，将结果绘制成实时曲线，在曲线显示栏中显示出来。

（2）"停止"按钮，则是让程序停止数据采样，以便执行其他功能。

（3）"曲线"按钮，用于预览分析并打印当前实时曲线。

（4）"数据另存"按钮和"打开文件"按钮分别用于保存当前数据及打开以前存储的数据文件。

（5）"实验选择"用于选择当前要进行的实验（见图 2.6），选定要进行的实验后，按"确认"键有效。

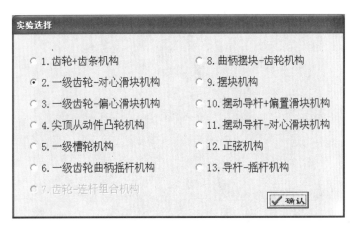

图 2.6　实验选择界面

（6）"实验参数设置"如图 2.7 所示（用于设置实验中需要的各项参数）。

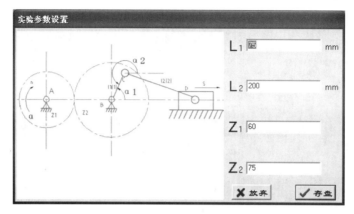

图 2.7　实验参数确定界面

（7）"Y 轴设置"功能如图 2.8 所示（用于设置实时曲线的 Y 轴坐标范围）。

图 2.8　Y 轴设置界面

（8）"机构演示"按钮按下后会弹出所选机构的演示图，如图 2.9 所示。

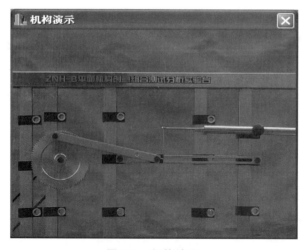

图 2.9　机构演示

(9)"退出"按钮用于退出程序。

程序的主要功能都是由主控栏中的主要功能按钮完成,只有实时曲线的控制是由曲线显示栏中的复选框和功能按钮完成的。其中,曲线的数量由复选框☑来决定,选中当前复选框表示显示该条曲线,反之则隐藏该曲线。而回放控制按钮的作用依次是:测量值的后退、前进,计算值的后退、前进以及传感器测试。如图 2.10 所示。

图 2.10　回放按钮

四、实验内容

按照实验要求和给定的实验设备,组装平面机构进行测试实验。实验时,首先由学生选定或教师指定测试实验的机构类型,学生按照实验要求,确定构件尺寸并选定构件后,先完成机构的组装,并在适当位置装置测试元器件,进行相关参数的测试与分析。

(一)曲柄-对心滑块机构(见图 2.11)

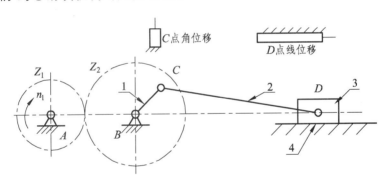

图 2.11　曲柄-对心滑块机构

齿轮 Z_1 或 Z_2 为主动件,转速 n_1,曲柄 1 与齿轮 2 固联(铰链 C 可直接在齿轮上的不在回转轴线上的圆孔处拼接形成)。

滑块导路延长线通过齿轮 2 的回转轴线。

曲柄 1 可用两个不同尺寸的齿轮形成两个尺寸不等的曲柄(即:更换不同的齿轮 Z_2),而连杆 2 的长度则可选择不同长度的连杆形成。

测试参数:滑块 3 的位移、速度、加速度。

(二)曲柄-偏心滑块机构(见图 2.12)

齿轮 Z_1 或 Z_2 为主动件,转速 n_1。

结构特点:杆件 L_1 与齿轮 Z_2 固联,铰链 C 可直接由齿轮 Z_2 不在圆心上的孔拼接形成;滑块导路延长线与齿轮 Z_2 回转中心偏心距为 e。

曲柄 1 可用两个不同尺寸的齿轮形成两个尺寸不等的曲柄(即:更换不同的齿轮 Z_2),连杆 L_2 的长度则可选择不同长度的连杆形成。

测试参数：滑块 3 的位移、速度、加速度。

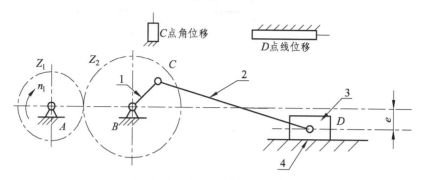

图 2.12　曲柄-偏心滑块机构

（三）曲柄-摇杆机构（见图 2.13）

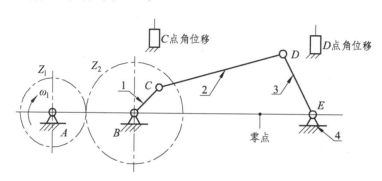

图 2.13　曲柄-摇杆机构

齿轮 Z_1 或 Z_2 为主动件，以 ω_1 角速度匀速转动。

结构特点：由一级齿轮机构与曲柄摇杆机构构成，其中曲柄 1 与齿轮 Z_2 固联，构件 1 可有两种不同尺寸（由两个不同齿轮构成），杆件 2、3、4 均可在构件允许范围内调整长度。

测试参数：摇杆 3 的角位移、角速度、角加速度。

（四）摆块机构（见图 2.14）

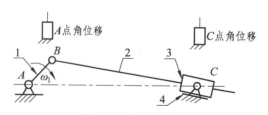

图 2.14　摆块机构

构件 1 为主动件，以 ω_1 角速度匀速转动。

测试参数：摆块 3 的角位移、角速度、角加速度。

（五）摆动导杆＋偏置滑块机构（见图 2.15）

构件 1 为主动件，以 ω_1 角速度匀速转动。

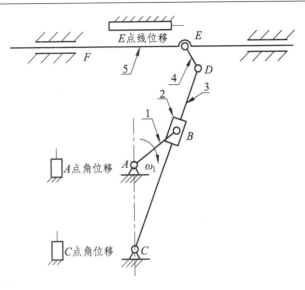

图 2.15　摆动导杆 + 偏置滑块机构

结构特点：该机构由摆动导杆机构和偏置滑块机构构成；杆件 1 可由齿轮取代（齿轮上不在其回转中心的孔为铰链 B 的位置）。杆件 1、3、4 和 AC 尺寸可在允许范围内调整。滑块 5 导路延长线不通过铰链 A 也不通过铰链 C，导路延长线距铰链 C 位置可调整。

测试参数：① 导杆 3 的角位移、角速度、角加速度。② 滑块 5 的位移、速度、加速度。

（六）摆动导杆机构 + 对心滑块机构（见图 2.16）

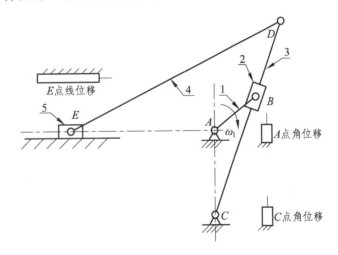

图 2.16　摆动导杆机构 + 对心滑块机构

构件 1 为主动件，以 ω_1 角速度匀速转动。

结构特点：该机构由摆动导杆机构和摆杆滑块机构构成；滑块 5 导路延长线通过铰链 A。杆件 1 可由齿轮取代（齿轮上不在其回转中心的孔为铰链 B 的位置）。杆件 1、3、4 和 AC 尺寸可在允许范围内调整。

测试参数：① 导杆 3 的角位移、角速度、角加速度。② 滑块 5 的位移、速度、加速度。

（七）正弦机构（见图 2.17）

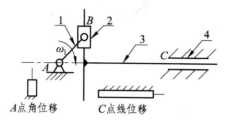

图 2.17 正弦机构

杆件 1 为主动件，以 ω_1 角速度匀速转动。

结构特点：该机构为双滑块机构构成；滑块 3 和滑块 2 导路互相垂直，且滑块 3 导路延长线通过铰链 A。

曲柄 1 可由齿轮构成，齿轮上不在回转轴线上的孔作为转动滑块 2 的铰链。

测试参数：滑块 3 的位移、速度和加速度。

（八）导杆-摇杆机构（见图 2.18）

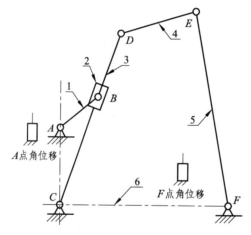

图 2.18 导杆-摇杆机构

杆件 1 为主动件，以 ω_1 角速度匀速转动。

结构特点：该机构由曲柄导杆机构和双摇杆机构构成。曲柄 1 可由齿轮构成，滑块 2 的铰链拼装在齿轮上不在回转轴线的孔中。构件 1、AC、CF、构件 4、构件 5 尺寸均可在允许范围内调整。

测试参数：摆杆 5 的角位移、角速度、角加速度。

（九）尖顶从动件凸轮机构（见图 2.19）

凸轮 1 为主动件，以 ω_1 匀速转动。

结构特点：对心移动从动件凸轮机构。凸轮Ⅰ推程为等速运动规律，回程为等加速等减速运动规律；凸轮Ⅱ推程、回程均为简谐运动规律。

测试参数：从动件 2 的位移、速度、加速度。

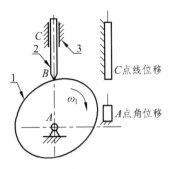

图 2.19 尖顶从动件凸轮机构

（十）槽轮机构（见图 2.20）

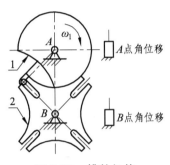

图 2.20 槽轮机构

拨盘 1 为主动件，以角速度 ω_1 匀速转动。

测试参数：槽轮 2 的角位移、角速度、角加速度。

五、实验步骤

（1）按照实验要求和给定的实验设备，组装实验机构。
（2）检查实验台各接线是否正确。
（3）打开计算机和实验台电源开关。
（4）运行平面机构运动参数测试与分析软件。
（5）选择实验类型，输入实验数据，测试实验要求的参数：位移、速度和加速度（角位移、角速度、角加速度）。
（6）打印测量数据和曲线图。
（7）比较测量结果与理论计算结果，分析机构运动特性。
（8）测量结束后退出软件系统，关闭电源。

六、思考题

（1）影响运动参数测量精度的因素有哪些？
（2）实测图线与理论计算所得曲线有何差异？试分析其原因。
（3）还有哪些方法可测量线位移、线速度、线加速度、角位移、角速度、角加速度、转速？

附：平面机构运动参数测试与分析实验台及零件清单

1. 实验台机架（图 2.21）

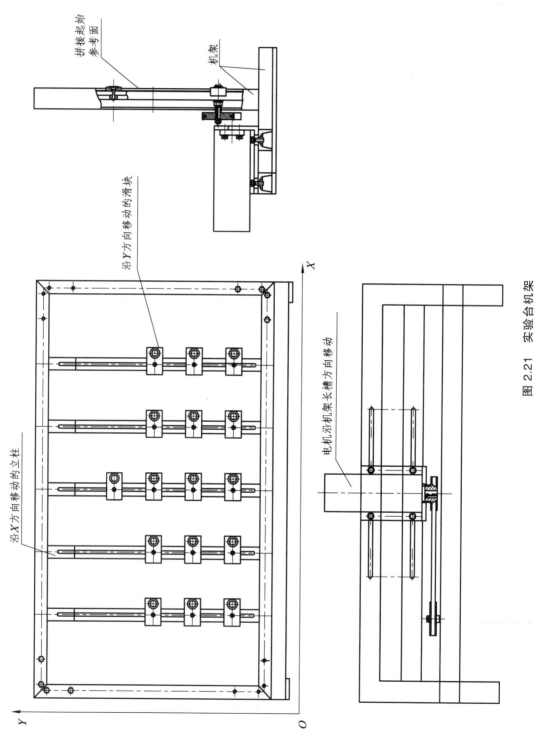

图 2.21 实验台机架

2. 零件清单（该套设备由 61 种零件组成，见表 2.4）

表 2.4 零件清单

序号	名　称	示意图	规　格	数　量	备　注
1	齿轮 I		$m=2$、$\alpha=20°$ $z=60$	1	
2	齿轮 II		$m=2$、$\alpha=20°$ $z=75$、90 中心距：62、75	各 1	$d_1=150$ $d_2=180$
3	齿　条		$m=2$、$\alpha=20°$	1	中心距：280
4	槽　轮		4 槽	1	
5	拨盘组件		单销、销回转 半径：$R=85$	1	
6	凸轮 I （等速—等加等减速规律）		基圆半径：$R=45$ 行程：35	1	推程：130° 远休止：30° 回程：140°
7	凸轮 II （简谐规律）		基圆半径：$R=50$ 行程：35	1	推程：130° 远休止：60° 回程：130°
8	支承轴		$L=25$	2	
			$L=44.5$	2	
9	转动轴 I		$L=24.5$	1	
			$L=44.5$	1	
10	转动轴		$L=24.5$	4	
			$L=44.5$	2	
			$L=30.5$	2	

续表

序号	名　称	示意图	规　格	数　量	备　注
11	滑块转轴Ⅰ			1	
12	滑块转轴Ⅱ			1	
13	连杆Ⅰ		$L = 120$	1	
			$L = 200$	1	
			$L = 260$	1	
14	连杆Ⅱ		$L1 = 320$	1	
			$L2 = 62$	1	
15	连杆Ⅲ		$L = 135$	1	
16	滑块导路Ⅰ		$L = 420$	1	
17	滑块导路Ⅱ		$L = 240$	1	
18	移动杆			1	
19	层面限位套		$L = 10$	4	
			$L = 15$	4	
			$L = 35$	6	
20	定距板		$L = 75$	2	
21	压紧螺钉			10	
22	带垫片螺钉			6	

续表

序号	名　称	示意图	规　格	数　量	备　注
23	转动副轴		$d=12$	4	
24	轴用带轮			1	
25	滑块支承板			2	
26	销轴（滑块用）		$d=5$	4	
27	滑套（滑块用）			4	材料：锡青铜
28	滑块挡板			2	
29	联接销Ⅰ			8	
30	联接销Ⅱ			2	
31	高副锁紧弹簧			1	
32	定位套		$d=18$	6	铝合金
33	线位移传感器支座			1	
34	平头紧定螺钉		M6×12		

续表

序号	名　称	示意图	规　格	数　量	备　注
35	平　键		A型 3×20		
36	平头紧定螺钉		M6×6		
37	内六角螺钉		M6×16		
38	螺　栓		M10×20		
39	螺　母		M10		
40	螺　钉		M4×10		
41	平头紧定螺钉		M5×6		紧固皮带轮
42	紧固垫片		厚度为：2		
43	实验台机架				
44	光栅角位移传感器			2	
45	后定位板组2			2套	
46	前定位板			2	
47	轴向挡圈			1件	
48	感应式直线位移传感器			1	
49	弹性联轴器			2	
50	螺　钉		M6×100	6	
51	传感器导向板Ⅰ			1	
52	传感器导向板Ⅱ			1	
53	张紧轮			1	
54	张紧支承轴			1	
55	张紧支承板			1	
56	张紧轮轴			1	
57	O形皮带		$L=1\,100$	1	
58	O形皮带		$L=900$	1	
59	电动机用带轮			1	
60	直流电机（带减速器）		$N=0\sim 50$ r/min	1	
61	电机安装支座			1个	

第三节 渐开线直齿圆柱齿轮的参数测定实验

一、实验目的

（1）掌握用游标卡尺和齿厚游标卡尺测定渐开线直齿圆柱齿轮基本几何参数的方法。
（2）通过测量和计算，加深理解齿轮各参数之间的相互关系和渐开线的性质。

二、实验设备和工具

（1）各种被测齿轮（奇数齿、偶数齿、标准齿轮、变位齿轮）。
（2）游标卡尺和齿厚游标卡尺。
（3）齿轮参数标准的有关表格（教科书），计算工具和记录纸等（自备）。

三、实验原理和方法

渐开线直齿圆柱齿轮的基本参数有：齿数 z、模数 m、分度圆压力角 α、齿顶高系数 h_a^*、径向间隙系数 c^* 和变位系数 x。除了齿数 z 可直接查出外，其余均需测量计算，然后圆整为标准值。

（一）确定模数 m（或径节 D_p）和分度圆压力角 α

我们采用测基圆齿距加查表的方法一次确定 m 和 α。

测量原理如图 2.22 所示，由渐开线性质，渐开线的法线相切于基圆，其长度等于基圆上两渐开线起点间的弧长跨 k 个齿的公法线与跨 $(k+1)$ 个齿的公法线，仅短一个基圆齿距 p_b，为了保证卡脚与齿廓的渐开线部分相切，对不同齿数规定跨齿数 k（表 2.5）。

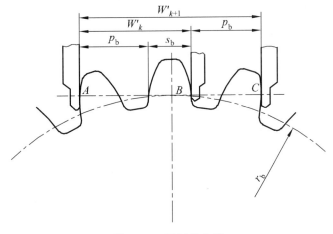

图 2.22 不同跨齿数

若卡尺跨 k 个齿，其公法线长度为

$$W'_k = (k-1)p_b + s_b \tag{2.2}$$

表 2.5　跨齿数 k

z	12～18	19～27	28～36	37～45	46～54	55～63	64～72	73～81
k	2	3	4	5	6	7	8	9

同理，若卡尺跨 $k+1$ 个齿，其公法线长度则应为

$$W'_{k+1} = kp_b + s_b \tag{2.3}$$

所以　　　　　$W'_{k+1} - W'_k = p_b \tag{2.4}$

又因　　　　　$p_b = W'_{k+1} - W'_k = \pi m \cos\alpha$

所以　　　　　$m = \dfrac{p_b}{\pi \cos\alpha} \tag{2.5}$

虽然 m 和 α 都已标准化了，但压力角除 20°外尚有其他值，故应分别代入，算出其相应的模数，其数值最接近于标准值的一组 α 和 m，即为所求的值。否则应按径节制计算。

根据测得的基圆齿距 p_b，利用表 2.6 可直接查出与测量结果相等或相近的 m（或 D_p）和 α 值。

（二）计算出变位系数 x

根据齿轮的齿厚公式

$$s_b = s\cos\alpha + 2r_b \cdot \text{inv}\alpha = m(\pi/2 + 2x\tan\alpha)\cos\alpha + 2r_b \cdot \text{inv}\alpha$$

即　　　　$2xm\tan\alpha \cdot \cos\alpha = s_b - \dfrac{\pi m}{2}\cos\alpha - 2r_b \cdot \text{inv}\alpha$

$$s_b = W'_{k+1} - kp_b \tag{2.6}$$

$$x = \dfrac{\dfrac{s_b}{m\cos\alpha} - \dfrac{\pi}{2} - z \cdot \text{inv}\alpha}{2\tan\alpha} \tag{2.7}$$

将式（2.6）代入式（2.7）即可求出变位系数 x。

（三）确定齿顶高系数 h_a^* 和径向间隙系数 c^*

这两个系数与齿顶圆直径 d_a 和齿根圆直径 d_f 有关，测量齿顶圆、齿根圆直径，即为关键。对于尺寸不太大的偶数齿齿轮可用卡尺直接测量，而对于奇数齿则采用转化法间接测量。

如图 2.23（a）所示，偶数齿齿轮的 d_a 与 d_f 可直接用游标卡尺测量。

如图 2.23（b）所示，奇数齿齿轮的 d_a 与 d_f 须间接测量。

$$d_a = D + 2H_1 \tag{2.8}$$

$$d_f = D + 2H_2 \tag{2.9}$$

则全齿高　　$h = (d_a - d_f)/2 = H_1 - H_2 \tag{2.10}$

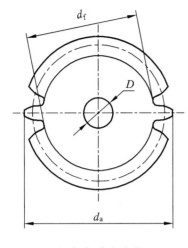 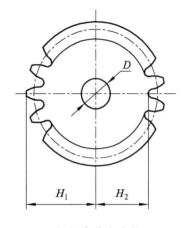

（a）偶数齿齿轮　　　　　　　　　　　　　（b）奇数齿齿轮

图 2.23　齿轮 d_a 与 d_f 的测量方法

式中　D——齿轮内孔直径，mm；

　　　H_1——齿轮齿顶圆至内孔壁的径向距离，mm；

　　　H_2——齿轮齿根圆至内孔壁的径向距离，mm。

又因为

$$d_a = mz + 2h_a^* m + 2xm$$

$$h = 2h_a^* m + c^* m$$

则

$$h_a^* = \frac{1}{2}\left(\frac{d_a}{m} - z - 2x\right)$$

$$c^* = \frac{h}{m} - 2h_a^*$$

按国家标准值圆整，正常齿：$h_a^* = 1$，$c^* = 0.25$

　　　　　　　　　　短齿：$h_a^* = 0.8$，$c^* = 0.3$

（四）计算标准中心距

计算标准中心距，并量出实际中心距，确定传动情况，初步判断变位齿轮存在的情况。

1. 先计算齿轮传动的标准中心距 a

$$a = \frac{1}{2}m(z_1 + z_2)$$

2. 再测量实际中心距 a'

测量中心距时，可直接测量齿轮内孔直径 D_1、D_2 及两孔的外距离 A_1 或内距长度 A_2，如图 2.24 所示，然后按下式计算。

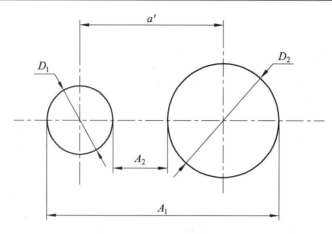

图 2.24 中心距的测量

$$a' = A_1 - \frac{1}{2}(D_1 + D_2)$$

或

$$a' = A_2 + \frac{1}{2}(D_1 + D_2)$$

用实测的中心距 a' 与标准中心距 a 比较：

$a' = a$，为零传动（标准传动或等变位齿轮传动）；

$a' > a$，为正传动（也称正变位齿轮传动）；

$a' < a$，为负传动（也称负变位齿轮传动）。

四、实验步骤

（1）熟悉游标卡尺的使用和正确读数方法。

（2）数出被测齿轮的齿数并做好记录。

（3）测量各齿轮的 d_a、d_f、W_k' 和 W_{k+1}'。

（4）确定各被测齿轮的基本参数：m、α、h_a^*、c^*、变位系数 x 及中心距 a。

五、注意事项

（1）实验前应检查游标卡尺的初读数是否为零，若不为零应设法修正。

（2）齿轮被测量的部位应选择在光整无缺陷之处，以免影响测量结果的正确性。在测量公法线长度时，必须保证卡尺与齿廓渐开线相切，若卡入 $k+1$ 齿时不能保证这一点，需调整卡入齿数为 $k-1$，而 $p_b = W_k' - W_{k-1}'$。

（3）测量齿轮的几何尺寸时，应选择不同位置测量 3 次，取其平均值作为测量结果。

（4）通过实验求出的基本参数 m、α、h_a^*、c^* 必须圆整为标准值。

（5）测量的尺寸精确到小数点后第 2 位；计算 x 时取小数点后两位数字。

六、思考题

（1）测量偶数与奇数齿齿轮的 d_a 与 d_f 时，所用的方法有什么不同？为什么？

（2）由图 2.22 可知，齿轮公法线长度的计算公式为 $W'_k = (k-1)p_b + s_b$，此公式是依据渐开线的哪条性质推导得到的？

（3）影响公法线长度测量精度的因素有哪些？

（4）测量时卡尺的卡脚若放在渐开线齿廓的不同位置上对测量的 W'_k、W'_{k+1} 有无影响，为什么？

（5）渐开线直齿圆柱齿轮的基本参数有哪些？

表 2.6 基圆齿距 $p_b = \pi m \cos\alpha$ 的数值

模数 m	径节 D_p	$p_b = \pi m \cos\alpha$			
		$\alpha = 22.5°$	$\alpha = 20°$	$\alpha = 15°$	$\alpha = 14.5°$
1	25.400	2.902	2.952	3.053	3.014
1.25	20.320	3.682	3.690	3.793	3.817
1.5	16.933	4.354	4.428	4.552	4.562
1.75	14.514	5.079	5.166	5.310	5.323
2	12.700	5.805	5.904	6.069	6.080
2.25	11.289	6.530	6.642	6.828	6.843
2.5	10.160	7.256	7.380	7.586	7.604
2.75	9.236	7.982	8.118	8.345	8.363
3	8.467	8.707	8.856	9.104	9.125
3.25	7.815	9.433	9.594	9.862	9.885
3.5	7.257	10.159	10.332	10.621	10.645
3.75	6.773	10.884	11.071	11.379	11.406
4	6.350	11.610	11.808	12.138	12.166
4.5	5.644	13.016	13.258	13.655	13.687
5	5.080	14.512	14.761	15.173	15.208
5.5	4.618	15.963	16.237	16.690	16.728
6	4.233	17.415	17.713	18.207	18.249
6.5	3.908	18.866	19.189	19.724	19.770
7	3.629	20.317	20.665	21.242	21.291
8	3.175	23.220	23.617	24.276	24.332
9	2.822	26.122	26.569	27.311	27.374
10	2.540	29.024	29.512	30.345	30.415
11	2.309	31.927	32.473	33.380	33.457

续表

模数 m	径节 D_p	$p_b = \pi m \cos\alpha$			
		$\alpha = 22.5°$	$\alpha = 20°$	$\alpha = 15°$	$\alpha = 14.5°$
12	2.117	34.829	35.426	36.414	36.498
13	1.954	37.732	38.378	39.449	39.540
14	1.814	40.634	41.330	42.484	42.581
15	1.693	43.537	44.282	45.518	45.623
16	1.588	46.439	47.234	48.553	48.665
18	1.411	52.244	53.138	54.622	54.748
20	1.270	58.049	59.043	60.691	60.831
22	1.155	63.584	64.947	66.760	66.914
25	1.016	72.561	73.803	75.864	76.038
28	0.907	81.278	82.660	84.968	85.162
30	0.847	87.07	88.564	91.04	91.25
33	0.770	95.787	97.419	100.14	100.371
36	0.651	104.487	106.278	109.242	109.494
40	0.635	116.098	118.086	121.38	121.66
45	0.564	130.61	132.85	136.55	136.87
50	0.508	145.12	147.61	151.73	152.08

第四节　齿轮范成原理实验

一、实验目的

（1）掌握用范成法加工渐开线齿轮齿廓的基本原理。
（2）了解齿轮产生根切和齿顶变尖现象的原因，以及避免根切的方法。
（3）分析比较标准齿轮和变位齿轮的异同点。

二、实验设备和工具

（1）齿轮范成仪。
齿条刀具参数：模数 $m = 10$ mm、压力角 $\alpha = 20°$、齿顶高系数 $h_a^* = 1$、顶隙系数 $c^* = 0.25$。
（2）上实验课前，学生自备直径大于 230 mm 的圆形绘图纸一张。
（3）学生自备绘图工具。

三、实验原理和方法

齿轮在实际加工中，看不到轮齿齿廓渐开线的形成过程。本实验通过齿轮展成仪来实现轮坯与刀具之间的相对运动过程，并用铅笔将刀具相对轮坯的各个位置记录在图纸上，这样就能清楚地观察到渐开线齿廓的展成过程。

齿轮展成仪所用的刀具模型为齿条插刀，仪器构造如图 2.25 所示。

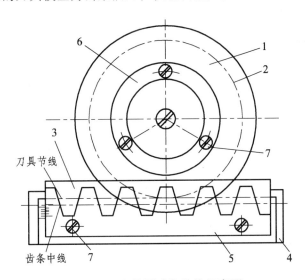

图 2.25 齿轮展成仪结构示意图

1—托盘；2—轮坯分度圆；3—刀架；4—支座；5—齿条（刀具）；6—压板；7—螺钉

绘图纸做成圆形轮坯，用压板 6 固定在托盘 1 上，托盘可绕固定轴 O 转动。代表齿条刀具的齿条 5 通过螺钉 7 固定在刀架 3 上，齿条刀具可在刀架 3 上沿径向导槽相对于托盘中心 O 作径向移动。因此，齿条刀具 5 既可以随刀架 3 作水平左右移动，又可以相对于刀架 3 作径向移动。刀架 3 与托盘 1 之间凭借钢丝的带动，保证轮坯分度圆与节线作纯滚动（即刀具与轮坯的范成运动），当齿条刀具 5 的分度线与轮坯分度圆对齐时，能展成标准齿轮齿廓。调节齿条刀具相对齿坯中心的径向位置，可以展成变位齿轮齿廓。

四、实验步骤

（1）根据齿条刀具的模数（$m = 10$）和被切齿轮的齿数（$z = 20$），计算出被切齿轮的分度圆直径，以及标准齿轮和正、负变位齿轮（可取正、负变位系数 $x = \pm 0.5$）的基圆、齿顶圆及齿根圆直径。

（2）将图纸分为互成 120° 的三个区域，分别按上述计算尺寸在三个区域内画出分度圆，以及标准齿轮和正、负变位齿轮的齿顶圆、齿根圆和基圆，并将图纸剪成比最大的齿顶圆大 3 mm 左右的圆形，作为本实验用的"轮坯"（步骤（1）、（2）应在上实验课前完成）。

（3）把"轮坯"安装到范成仪的托盘上。首先使标准齿轮的区域对准刀具，调整图纸使其圆心与托盘圆心重合，然后用压板和螺钉将图纸压紧在托盘上。

（4）调节刀具中线，使其与被加工齿轮分度圆相切。刀具处于切制标准齿轮时安装位置上。

（5）"切制"齿廓时，先把刀具移向一端，使刀具的齿廓退出轮坯中标准齿轮的齿顶圆；然后每当刀具向另一端移动 2～3 mm 距离时，描下刀刃在图纸轮坯上的位置，直到形成两、三个完整的轮齿时为止，如图 2.26 所示。在此阶段应注意观察轮坯上齿廓形成的过程。

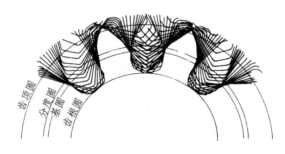

图 2.26　图形结果

（6）标准齿轮"切制"完成后，重新安装代表轮坯的图纸，调整刀具位置，分别"切制"正、负变位齿轮的齿廓曲线。

五、思考题

（1）通过实验，你所观察到的根切现象发生在基圆之内还是基圆之外？是由于什么原因引起的？如何避免根切？

（2）比较用同一齿条刀具加工出的标准齿轮和正、负变位齿轮的各参数尺寸，哪些变了？哪些没有变？

第五节　机构认识实验

一、实验目的

（1）初步了解"机械原理"课程所研究的各种常用机构的结构、类型、特点及应用实例。
（2）增强学生对机构与机器的感性认识。

二、实验方法

观看图 2.27 所示机械原理陈列柜。

陈列柜展示各种常用机构的模型，通过模型的动态展示，增强学生对机构与机器的感性认识。实验教师只作简单介绍，提出问题，供学生思考。学生通过观察，对常用机构的结构、类型、特点有一定的了解。对学习机械原理课程产生一定的兴趣。

（1）机构的组成　　（2）平面连杆机构　　（3）平面连杆机构的应用　　（4）空间连杆机构

（5）凸轮机构　　（6）齿轮机构的类型　　（7）轮系的类型　　（8）轮系的功用

（9）间歇运动机构　　（10）组合机构

图 2.27　机械原理陈列柜

三、实验内容

（一）对机器的认识

通过实物模型和机构的观察，学生可以认识到：机器是由一个机构或几个机构按照一定运动要求组合而成的。所以只要掌握各种机构的运动特性，再去研究任何机器的特性就不困难了。在机械原理中，运动副是以两构件的直接接触形式的可动联接及运动特征来命名的。如：高副、低副、转动副、移动副等。

（二）平面四杆机构

平面连杆机构中结构最简单、应用最广泛的是四杆机构，四杆机构分成三大类：铰链四杆机构；单移动副机构；双移动副机构。

（1）铰链四杆机构分为：曲柄摇杆机构、双曲柄机构、双摇杆机构。即根据两连架杆为曲柄或摇杆来确定。

（2）单移动副机构，它是以一个移动副代替铰链四杆机构中的一个转动副演化而成的。可分为：曲柄滑块机构、曲柄摇块机构、转动导杆机构及摆动导杆机构等。

（3）双移动副机构是带有两个移动副的四杆机构，把它们倒置也可得到：曲柄移动导杆机构、双滑块机构及双转块机构。

（三）凸轮机构

凸轮机构常用于把主动构件的连续运动转变为从动件严格地按照预定规律的运动。只要适当设计凸轮廓线，便可以使从动件获得任意的运动规律。由于凸轮机构结构简单、紧凑，因此广泛应用于各种机械、仪器及操纵控制装置中。

凸轮机构主要由三部分组成，即：凸轮（它有特定的廓线）、从动件（它由凸轮廓线控制着）及机架。

凸轮机构的类型较多，学生在参观这部分时应了解各种凸轮的特点和结构，找出其中的共同特点。

（四）齿轮机构

齿轮机构是现代机械中应用最广泛的一种传动机构。具有传动准确、可靠、运转平稳、承载能力大、体积小、效率高等优点，广泛应用于各种机器中。根据轮齿的形状齿轮分为：直齿圆柱齿轮、斜齿圆柱齿轮、圆锥齿轮及蜗轮、蜗杆。根据主、从动轮的两轴线相对位置，齿轮传动分为：平行轴传动、相交轴传动、交错轴传动三大类。

（1）平行轴传动的类型有：外、内啮合直齿轮机构，斜齿圆柱齿轮机构，人字齿轮机构，齿轮齿条机构等。

（2）相交轴传动的类型有圆锥齿轮机构，轮齿分布在一个截锥体上，两轴线夹角常为 $90°$。

（3）交错轴传动的类型有：螺旋齿轮机构、圆柱蜗轮蜗杆机构、弧面蜗轮蜗杆机构等。

在参观这部分时，学生应注意了解各种机构的传动特点，运动状况及应用范围等。

（4）齿轮机构参数。齿轮基本参数有齿数 z、模数 m、分度圆压力角 α、齿顶高系数 h_a^*、顶隙系数 c^* 等。

参观这部分时，学生需要掌握：什么是渐开线，渐开线是如何形成的，什么是基圆和渐开线发生线，并注意观察基圆、发生线、渐开线三者间的关系，从而得出渐开线有什么性质。

再就是观察摆线的形成，要了解什么是发生圆，什么是基圆，动点在发生圆上位置发生变化时，能得到什么样轨迹的摆线。

同时还要通过参观总结出：齿数、模数、压力角等参数变化对齿形有何影响。

（五）周转轮系

通过各种类型周转轮系的动态模型演示，学生应该了解什么是定轴轮系，什么是周转轮系。根据自由度不同，周转轮系又分为行星轮系和差动轮系。应该了解它们有什么差异和共同点，差动轮系为什么能将一个运动分解为两个运动或将两个运动合成为一个运动。

周转轮系的功用、形式很多，各种类型都有它自己的缺点和优点。在我们今后的应用中应如何避开缺点，发挥优点等都是需要学生实验后认真思考和总结的问题。

（六）其他常用机构

其他常用机构常见的有：棘轮机构；摩擦式棘轮机构；槽轮机构；不完全齿轮机构；凸轮式间歇运动机构；万向节及非圆齿轮机构等。通过各种机构的动态演示，学生应知道各种机构的运动特点及应用范围。

（七）机构的串、并联

展柜中展示有实际应用的机器设备、仪器仪表的运动机构。从这里可以看出，机器都是由一个或几个机构按照一定的运动要求串、并联组合而成的。所以在学习机械原理课程中一定要掌握好各类基本机构的运动特性，才能更好地去研究任何机构（复杂机构）的特性。

四、思考题

（1）何谓机构、机器、机械？

（2）何谓连杆机构？并举例说明平面连杆机构的实际应用。

（3）一般情况下，凸轮是如何运动的？推杆（从动件）是如何运动的？举例说明凸轮的应用实例。

（4）一般情况下，一对齿轮传动实现了怎样的运动传递和变换？常用的齿轮传动有哪些种类？举例说明齿轮传动的应用实例。

（5）何谓轮系？轮系分为哪些种类？周转轮系中行星轮的运动有何特点？轮系的功用主要有哪些？

（6）常用的间歇机构有哪些？并举例说明这些主要间歇机构的应用实例。

（7）什么是渐开线？渐开线是如何形成的？什么是基圆和渐开线发生线？并注意观察基圆、发生线、渐开线三者间的关系？

（8）什么是定轴轮系？什么是周转轮系？

（9）差动轮系为什么能将一个运动分解为两个运动或将两个运动合成为一个运动？

第六节　机构综合设计实验

一、实验目的

（1）加强学生对机构组成原理的认识，进一步了解机构组成及其运动特性，为机构创新设计奠定良好的基础。

（2）增强学生对机构的感性认识，培养学生的工程实践及动手能力；体会设计实际机构时应注意的事项；完成从运动简图设计到实际结构设计的过渡。

（3）培养学生创新意识及综合设计的能力。

二、设备和工具

（一）设　备

创新组合模型两组。

一组机构系统创新组合模型（包括 4 个架）基本配置所含组件如下：

1. 接　头

接头分单接头和组合接头两种：单接头有 5 种形式，组合接头有 4 种形式。

（1）单接头 J1（见图 2.28）螺纹分左旋和右旋两种。方头的侧面上，为 12×12 方通孔。

（2）单接头 J2（见图 2.29）螺纹分左旋和右旋两种。方头的侧面上，为 ϕ12 圆通孔。

（3）单接头 J3（见图 2.30）螺纹全部为右旋，方头的侧面上为 12×12 方通孔，且螺杆端有一段 ϕ12 的过渡杆，根据长度的不同分为 6 种，即：从短至长适应一到六层的分层需要，便于不同层次联接选择。

（4）单接头 J4（见图 2.31）为 L 形状，两垂直面上，一面为方通孔，另一面为圆通孔。

（5）单接头 J5（见图 2.32）有一方孔，其两垂直右旋螺杆上有一端带有 ϕ12 圆柱，根据圆柱长度不同分为 6 种，即：从短至长适应一到六层的分层需要，便于不同层次联接选择。

（6）组合接头 J1/J7（见图 2.33）有两种，J1 与 J7 之间可相对旋转。两种组合接头组合形状一样，但其中一种为一右旋和一左旋螺纹，另一种为两左旋螺纹。

（7）组合接头 J6/J4（见图 2.34），J6 与 J4 之间可相对旋转。其中：J6 为一带方孔的方块。

（8）组合接头 J6/J7（见图 2.35），J6 与 J7 之间可相对旋转。其中：J6 为一带方孔的方块。

图 2.28　接头 J1　　　图 2.29　接头 J2　　　图 2.30　接头 J3　　　图 2.31　接头 J4

| 图 2.32 接头 J5 | 图 2.33 接头 J1/J7 | 图 2.34 接头 J6/J4 | 图 2.35 接头 J6/J7 |

2. 连 杆

（1）连杆为正方形杆件，可套入接头的方孔内进行滑动和固定，共有 7 种不同长度，可用于各种拼接。杆长在 60～300 mm 内能分段无级调整，超过 300 mm 的杆可另行组装而成。小于 60 mm 的杆件可利用齿轮或凸轮上的偏心孔。

| 代号 | L—60 | L—100 | L—140 | L—180 | L—220 | L—260 | L—300 |

图 2.36 连杆

（2）连杆两端各有右旋及左旋 M8 螺孔，可通过 ZLM 齿条连接螺钉将连杆相互连接到所需长度，也可通过 HM—1 换向螺钉将左旋螺孔转为右旋螺孔，两端孔还可根据需要和其他接头零件相连。

图 2.37 HM—1 换向螺钉　　图 2.38 ZLM 齿条连接螺钉

3. 凸轮及凸轮副从动组件

有四种轮廓的凸轮构件。

凸轮上的 $\phi8$ 通孔可穿入接头螺杆，配合端螺母 DAM 及连杆使凸轮作曲柄使用。

图 2.39　凸轮　　　　　图 2.40　端螺母 DAM

4. 齿轮、齿条

模数相等（$m=2.5$）齿数不同的 6 种直齿圆柱齿轮（其齿数分别为 17，21，25，30，34，43）和一种齿条，可提供 43 种传动比。齿轮上分布的 $\phi 8$ 通孔与凸轮上通孔作用相同。

与齿轮模数相等的齿条（ZL），可通过齿条联接螺钉将两齿条联接到一起，中间的 $\phi 12$ 圆孔、20×20 方孔可按需要作固定或插杆作用（$\phi 12$ 通孔可配入 DAM 端螺母和右旋螺杆接头）。

图 2.41　齿轮　　　　　图 2.42　齿条

5. 组合机架

组合机架是机构系统创新组合模型的主体，由多种零件组成。

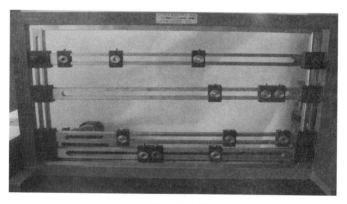

图 2.43　组合机架

（1）外框架（ZJ1）。

（2）内框架（横梁 ZJ2-1、竖梁 ZJ2-2）。

（3）横向滑杆（ZJ3）。

（4）滑杆支板（ZJ4）。

(5)竖滑块(左 ZJ5-1,右 ZJ5-2)。

(6)横向滑块(ZJ6)。

(7)轴套(ZJ7)。

(8)锁紧手柄(ZJ9)。

(9)M20 螺母(ZJ10)。

6. 旋转式电动机总成

(1)旋转减速电动机一台(YCJ),其转速为 10 r/min。

(2)旋转电动机支座一件。

(3)电动机安装螺钉。

7. 减速直线式电动机总成

(1)直线减速电动机一台(YCJZ),其速度为 10 mm/s。

(2)直线电动机支座一件(XH)。

(3)直线电动机电控盒(DKH)一套及限位器。

(4)移动副主动轴(YF)及移动轴端子。

(5)旋转副主动轴(XF)。

图 2.44 移动副主轴　　图 2.45 旋转副主动轴

8. 用于拼接各种机构形式的其他辅助零件

(1)皮带轮(PN)配 A 型皮带 L = 1 245。

(2)端螺母(DAM)。

(3)垫柱(L4、L20)。

(4)弹簧(TH)$\phi 6 \times 60$。

(5)齿条连接螺钉(ZLM)及左右旋螺母(M8—1、M8—2)。

(6)换向螺钉(HM—1)。

(7)其他标准件(螺钉、平键等)。

图 2.46　皮带轮　　　　图 2.47　L4 垫柱　　　　图 2.48　L20 垫柱

另外，根据教学实践的创意及需要，在模型上通常要增加其他构件。

（二）工　具

平口螺丝刀和固定扳手及活动扳手若干套。

三、实验前的准备工作

（1）要求预习本实验，掌握实验原理，初步了解机构创新模型。

（2）熟悉教师给定的设计题目及机构系统运动方案（也可自己选择设计题目，初步拟定机构系统运动方案）。

（3）拆分杆组，画在纸上，实验前交由教师检查。

四、实验原理

任何平面机构都可用零自由度的杆组依次连接到原动件和机架上去的方法来组成，这就是本实验的基本原理。用本实验装置可搭接的杆组有：

（1）单构件高副杆组（一个构件，一个低副和一个高副）。

 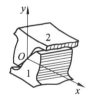

图 2.49　凸轮副　　　　图 2.50　齿轮副

（2）平面低副 II 级杆组共有 5 种形式，如图 2.51 所示。

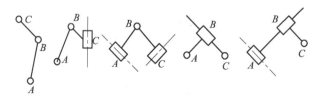

图 2.51　平面低副 II 级杆组

（3）常见的平面低副Ⅲ级杆组，如图 2.52 所示。

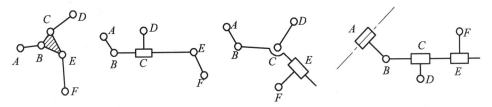

图 2.52　平面低副Ⅲ级杆组

五、实验方法与步骤

（一）正确拆分杆组

从机构中拆出杆组有三个步骤：
（1）先去掉机构中的局部自由度和虚约束。
（2）计算机构的自由度，确定原动件。
（3）从远离原动件的一端开始拆分杆组，每次拆分时，先试着拆分出Ⅱ级组，没有Ⅱ级组时，再拆分Ⅲ级组等高级组，最后剩下原动件和机架。

拆组是否正确的判定方法是：拆去一个杆组或一系列杆组后，剩余的必须为一个与原机构具有相同自由度的子机构或若干个与机架相联的原动件，不能有不成组的零散构件或运动副存在。全部杆组拆完后，只应当剩下与机架相联的原动件。

如图 2.53 所示机构，可先除去Ⅰ处的局部自由度；然后，按步骤（2）计算机构的自由度：$F=1$，并确定凸轮为原动件；最后根据步骤（3）的要领，先拆分出由滑块 C 和构件 MC 组成的Ⅱ级 RRP 杆组，接着拆分出由构件 AB 和 BD 组成的Ⅱ级 RRR 杆组，再拆分出构件 EF 和 FG 组成的Ⅱ级 RRR 杆组，最后拆分出由构件 GHI 组成的单构件高副杆组，最后剩下原动件 KM 和机架。

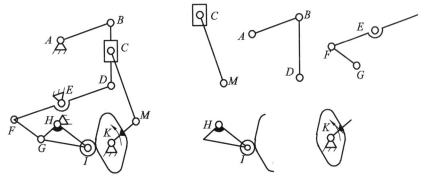

图 2.53　机构拆分例图

（二）正确拼装杆组

将机构创新模型中的杆组，根据给定的运动学尺寸，在平板上试拼机构。拼接时，首先要分层，一方面是为了使各构件的运动在相互平行的平面内进行，另一方面是为了避免各构件间的运动发生干涉，因此，这一点是至关重要的。试拼之后，从最里层装起，依次将各杆组联接到机架上去。

1. 移动副的联接

图 2.54 表示两构件以移动副相联接的方法。

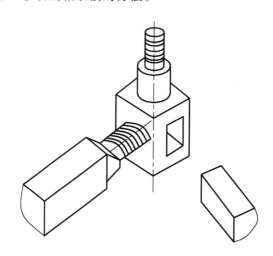

图 2.54　移动副的联接

2. 转动副的联接

图 2.55 表示两构件以转动副相联接的方法。

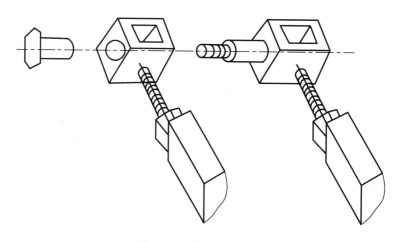

图 2.55　转动副的联接

3. 齿条与构件以转动副相联

图 2.56 表示齿条与构件以转动副的形式相联接的方法。

4. 齿条与其他部分的固联

图 2.57 表示齿条与其他部分固联的方法。

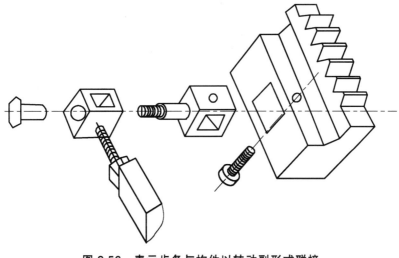

图 2.56 表示齿条与构件以转动副形式联接

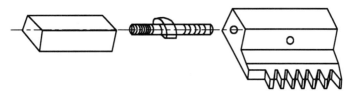

图 2.57 齿条与其他部分的固联

5. 构件以转动副的形式与机架相联

图 2.58 表示连杆作为原动件与机架以转动副形式相联的方法。用同样的方法可以将凸轮或齿轮作为原动件与机架的主动轴相联。如果连杆或齿轮不是作为原动件与机架以转动副形式相联，则将主动轴换作螺栓即可。注意：为确保机构中各构件的运动都必须在相互平行的平面内进行，可以选择适当长度的主动轴、螺栓及垫柱，如果不进行调整，机构的运动就可能不顺畅。

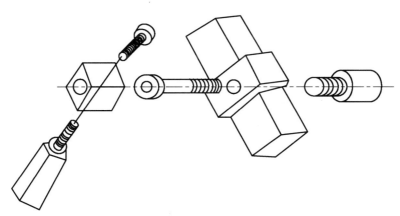

图 2.58 构件与机架以转动副的形式相联

6. 构件以移动副的形式与机架相联

图 2.59 表示移动副作为原动件与机架的联接方法。

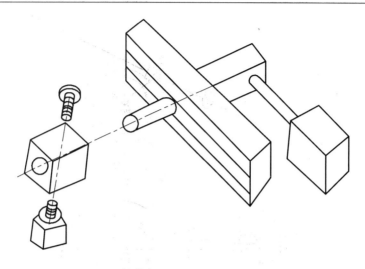

图 2.59　构件与机架以移动副的形式联接

（三）实现确定运动

试用手动的方式驱动原动件，观察各部分的运动都畅通无阻之后，再与电机相联，检查无误后，方可接通电源。

（四）分析机构的运动学及动力学特性

通过观察机构系统的运动，对机构系统运动学及动力学特性作出定性的分析。一般包括如下几个方面：

（1）平面机构中是否存在曲柄。
（2）输出件是否具有急回特性。
（3）机构的运动是否连续。
（4）最小传动角（或最大压力角）是否在非工作行程中。
（5）机构运动过程中是否具有刚性冲击、柔性冲击。

下列各种机构均选自于工程实践，要求用机构创新模型加以实现。

六、实验内容

（一）组合机构

1. 导杆摇杆滑块冲压机构和凸轮送料机构

如图 2.60 所示，曲柄为主动件。其杆长度为：l_{AB} = 87 mm，l_{CD} = 135 mm，l_{AC} = 345 mm，l_{DE} = 140 mm，l_{AO} = 90 mm，l_{OH} = 95 mm，h = 480 mm。

第二章 机械原理实验

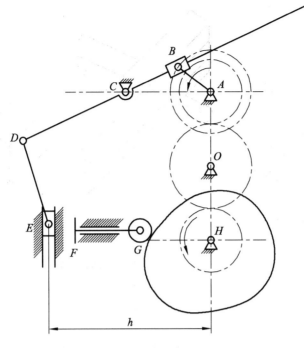

图 2.60 导杆摇杆滑块冲压机构

2. 凸轮连杆机构

结构说明：由凸轮与连杆组合成的组合式机构。

工作原理和特点：一般凸轮为主动件，能够实现较复杂的运动规律。

应用举例：自动车床送料及进刀机构。如图 2.61 所示机构，由平底直动从动件盘状凸轮机构与连杆机构组成。当凸轮转动时，推动杆 DE 往复移动，通过连杆 DB 与摆杆 AB 及滑块 C 带动从动件 CF（推料杆）作周期性往复直线运动。

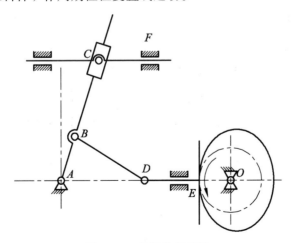

图 2.61 凸轮连杆机构

3. 齿轮连杆机构

如图 2.62 所示为用于打包机中的双向加压机构。摆杆 1 为主动件，通过滑块 2 带动齿条

3往复移动,使齿轮4回转,与之啮合的齿条5、6的移动方向相反,以完成紧包的动作。

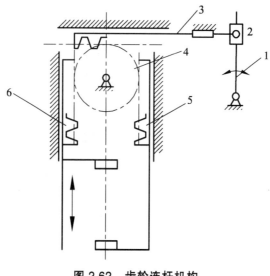

图 2.62 齿轮连杆机构

(二)间歇运动机构

1. 槽轮机构与导杆机构

结构说明:如图 2.63 所示为槽轮机构与转动导杆机构串联而成的机构系统。

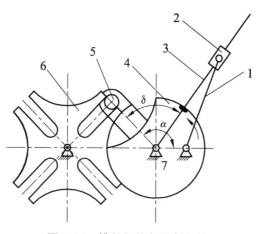

图 2.63 槽轮机构与导杆机构

工作原理和特点:当杆1作匀速回转时,导杆和拨盘3作非匀速回转运动。$\dfrac{\mathrm{d}\beta}{\mathrm{d}t}=\dfrac{\mathrm{d}\beta/\mathrm{d}\alpha}{\mathrm{d}\alpha/\mathrm{d}t}$,从而改善了槽轮机构的动力特性。

应用说明:槽轮机构动力性能较差,但若将一个转动导杆机构串接在槽轮机构之前,则可改善槽轮机构的动力性能。

2. 单侧停歇的移动机构

结构说明:如图 2.64 所示机构由六连杆机构 ABCDEFG 和曲柄滑块机构 GFH 串联组合

而成。连杆上 E 点的轨迹在 E_1EE_2 段近似为圆弧，圆弧中心为 F。六杆机构的从动杆 FG 为 GFH 机构的主动件。

工作原理和特点：主动曲柄 AB 作匀速转动，连杆上的 E 点作平面复杂运动，当运动到 E_1EE_2 近似圆弧段时，铰链 F 处于曲率中心，保持静止状态，摆杆 GF 近似停歇从而实现滑块 H 在右极限位置的近似停歇，这是利用连杆曲线上的近似圆弧段实现滑块具有单侧停歇的往复移动。

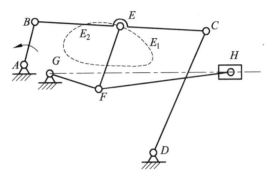

图 2.64 单侧停歇移动机构

（三）放大机构

1. 行程放大机构

（1）导杆齿轮齿条机构。

结构说明：如图 2.65 所示机构，由摆动导杆机构与双联齿轮齿条机构组成。导块 4 与滑板 5 铰链，在滑板的 E、F 两点分别铰接相同的齿轮 6 和 9，它们分别与固定齿条 8 和移动齿条 7 啮合。

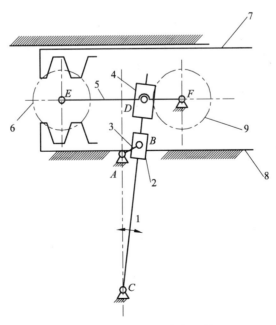

图 2.65 导杆齿轮齿条机构

工作原理：通过摆动导杆机构使导杆 1 绕 C 轴摆动，由导块 4、滑板 5 及齿轮 6 的运动，驱动齿条 7 往复移动，齿条的行程为滑板 5 行程的两倍。

（2）多杆行程放大机构。

结构说明：如图 2.66 所示机构，由曲柄摇杆机构 1-2-3-6 与导杆滑块机构 3-5-6 组成。曲柄 1 为主动件，从动件 5 往复移动。工作原理和特点：主动件 1 的回转运动转换为从动件 5 的往复移动。如果采用曲柄滑块机构来实现，则滑块的行程受到曲柄长度的限制。而该机构在同样曲柄长度条件下能实现滑块的大行程。

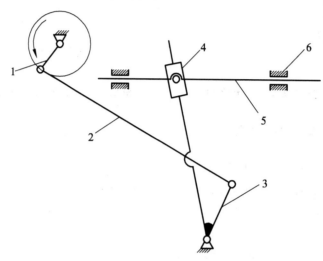

图 2.66　多杆行程放大机构

应用举例：用于梳毛机堆毛板传动机构。

2. 摆角放大机构

（1）双摆杆摆角放大机构。

结构说明：如图 2.67 所示，从动摆杆 2 插入主动摆杆 4 端部滑块 3 中，两杆中心距 a 应小于摆杆 1 的半径 r。

工作原理：当摆杆 1 摆动 α 角时，杆 2 的摆角 β 大于 α 实现摆角增大，各参数之间的关系为：

$$\beta = 2\arctan\frac{\dfrac{r}{a}\tan\dfrac{\alpha}{2}}{\dfrac{r}{a}-\sec\dfrac{\alpha}{2}}$$

（2）六杆机构摆角放大机构。

结构说明：如图 2.68 所示机构，由曲柄摇杆机构 1-2-3-6 与摆动导杆机构 3-4-5-6 组成。曲柄 1 为主动件，摆杆 5 为从动件。

工作原理和特点：当曲柄 1 连续转动时，通过连杆 2 使摆杆 3 作一定角度的摆动，再通过导杆机构使从动摆杆 5 的摆角增大。该机构摆杆 5 的摆角可增大到 200°左右。

应用举例：用于缝纫机摆梭机构。

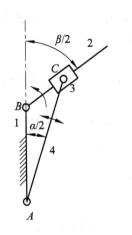 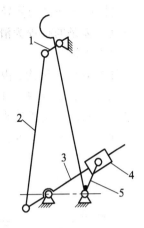

图 2.67 双摆杆摆角放大机构　　　　图 2.68 六杆机构摆角放大机构

（四）实现特殊点轨迹的机构

1. 实现近似直线运动的铰链四杆机构

结构说明：如图 2.69 所示，双摇杆机构 ABCD 的各构件长度满足条件：机架 $\overline{AD}=0.64\overline{DC}$，摇杆 $\overline{AB}=1.18\overline{DC}$，连杆 $\overline{BC}=0.27\overline{DC}$，E 点为连杆 BC 延长线上一点，且 $\overline{BE}=0.83\overline{DC}$。DC 为主动摇杆。

工作原理和特点：当主动件 DC 绕机架铰链点 D 摆动时，E 点轨迹为近似直线。

应用举例：可用作固定式港口用起重机，E 点处安装吊钩。利用 E 点轨迹的近似直线段吊装货物，能符合吊装设备的工艺要求。

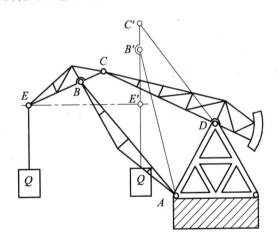

图 2.69 铰链四杆机构图

2. 送纸机构

结构、工作原理和特点说明：如图 2.70 所示为平板印刷机中用以完成送纸运动的机构，当固结在一起的双凸轮 1 转动时，通过连杆机构使固接在连杆 2 上的吸嘴沿轨迹 mm 运动，以完成将纸吸起和送进等运动。

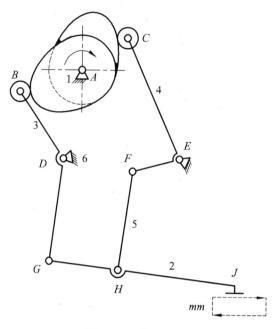

图 2.70 送纸机构

3. 铸锭送料机构

结构说明：如图 2.71 所示液压缸 1 为主动件，通过连杆 2 驱动机构 ABCD，将从加热炉出料的铸锭 6 送到升降台 7。

工作原理和特点：图中实线位置为出炉铸锭进入盛料器 3 内，盛料器 3 即为双摇杆 ABCD 中的连杆 BC，当机构运动到虚线位置时，盛料器 3 翻转 180°把铸锭卸放到升降台 7 上。

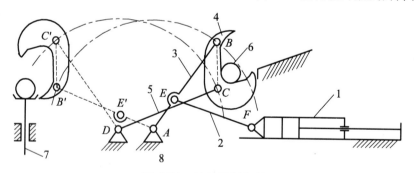

图 2.71 铸锭送料机构

应用举例：加热炉出料设备、加工机械的上料设备等。

（五）改变机构的运动特性

插床的插削机构工作原理和特点：如图 2.72 所示，在 ABC 摆动导杆机构的摆杆 BC 反向延长线的 D 点上加二级 RRP 杆组（连杆 DE 和滑块 E），成为六杆机构。主动曲柄 AB 匀速转动，滑块 E 在垂直于 AC 的导路上往复移动，具有较大急回特性。改变 ED 连杆的长度，滑块 E 可获不同规律。在滑块 E 上安装插刀，机构可作为插床的插削机构。

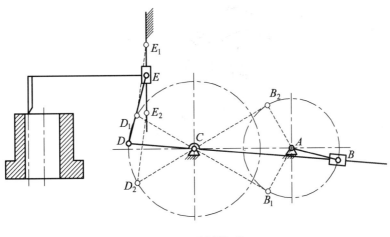

图 2.72 插削机构

七、拼接实例：铸锭送料机构

（一）部件选用

名称	代号	数量	备注	名称	代号	数量	备注
连杆	L-300	2		接头	J2-1	1	左旋
	L-220	1			J2-2	2	右旋
	L-180	1		组合接头	J1/J7-2	2	
	L-100	2			J6/J7-1	1	左旋
旋转副主动轴	XF	2		垫柱	L4	1	
					L20	3	
移动副主动轴	YF	1		齿条联接螺钉	ZLM	2	
铜螺母	M8-1	6	左旋	螺母	M8-2	6	右旋

（二）装配示意图

注：① 箭头表示装配方向。×表示要锁紧。
② 装配时注意调整好间距，再把螺母锁紧。
③ ZJ3 为横向滑杆，ZJ6 为横向滑块。
④ 用手动试运杆后，再将 YF 套入电机杆上，并调整好行程开关，使其在左右运动时能起作用。

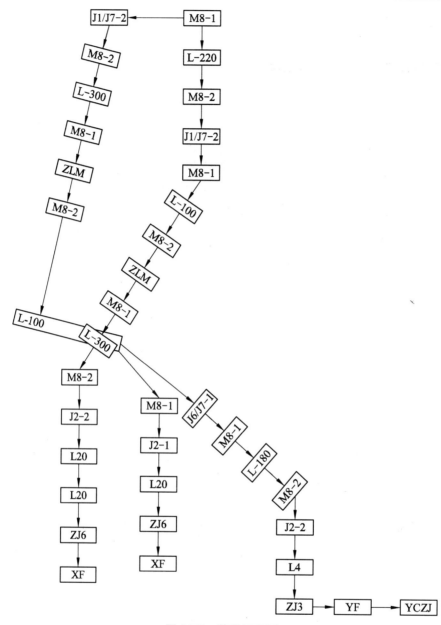

图 2.73 装配示意图

第七节 五连杆机构轨迹综合及其智能控制实验

一、实验目的

(1) 了解五连杆机构轨迹智能控制的实现。
(2) 对五连杆机构解耦性进行验证。
(3) 了解二自由度五连杆机构按正解、反解进行连杆曲线轨迹的实验法综合方法。

（4）了解示教及智能控制。

二、实验仪器（设备）和工具

（1）智能化五连杆机构（Ⅲ）实验台，如图 2.74 所示。
（2）图纸及角度尺或量角器、直尺等。

图 2.74　智能化五连杆机构实验台

三、工作原理

1. 实验台总体结构

本实验台用二自由度五连杆机构作为实验研究对象，在该五连杆控制系统中采用了步进电机作为动力源。步进电机的精度相对伺服电机比较低，但由于在不失步的情况下，用开环的控制方法就可以达到闭环的控制效果，控制较为简单，成本也低。示教所需要的原动件检测装置采用了圆光栅编码器，编码器的固定方法采用了悬空方式，它的轴端与步进电机的一端通过弹性钢片联轴节连接。为防止编码器外壳跟随编码器的轴转动而造成数据采集的误差，把编码器输出用的较粗的电缆固定起来。这样不仅简化了编码器的固定，还可以有效防止编码器因振动而损坏。电机使用了两端都有输出轴的型号，一段与轴承座固定，之间用弹性钢片联轴节连接，以防轴卡死，原动件由安装在操作平台的两根驱动轴驱动。驱动轴由轴承座固定，可承受一定的径向和轴向的力，此轴承座也可根据实际需要改成减速器。原动件、步进电机、编码器安装在一根轴线上，三者同时转动，转速相等。在平面五连杆机构的控制中，选用美国德州 TI 公司推出的 16 位超低功耗产品 MSP430F149 单片机与 586 微机通讯系统作为控制系统，对原动件的运动规律进行实时控制。图 2.75 是该系统的总体结构示意图。

MSP430F149 单片机存储器包括 60KB 的 Flash 存储器和 2KB 的 RAM。外围模块极为丰富，具有两组频率可达 8MHz 的时钟模块，48 个 I/O 口，2 个 16 位定时器，2 个 USART 通讯接口，12 位 A/D 转换器，精密模拟比较器，看门狗，硬件乘法器等。

由于该单片机的 ROM 是 FLASH 型，这一特点使得它的开发工具相当简便。利用单片机本身具有的 JTAG 接口或片内的 BOOT ROM，可以在一台 PC 及一个结构非常小巧的 JTAG 控制器的帮助下实现程序的下载，完成程序的调试。与开发 51 系列单片机相比较，可以省去单片机开发常用的仿真器和编程器，降低产品的成本。

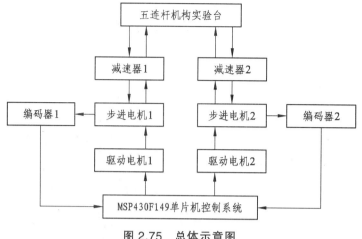

图 2.75 总体示意图

MSP430F149 具有的外围模块和 I/O 相当丰富，可以在不扩展总线的情况下连接所有外围设备。所有的构件都放置在实验台的箱体内。对步进电机的控制、编码器的数据采集、串口通信等功能都集中到一块电路板上，该控制板可以安置在箱体内部的侧面，只占有很少的空间，而不用另外设计一个控制箱。电源变压器和步进电机的驱动器也集成到了箱内，对外的连线十分简洁，只有一根电源线和一根串口通信线。

2. 五连杆机构机械部分结构

五连杆机构系统机械部分的结构示意图见图 2.76。除机架外其余四个活动构件都可以视需要在一定范围内进行调整。可以在连杆上移动的笔代表连杆点 P 的位置，连杆机构运动时可以描绘出某一连杆轨迹曲线。

图 2.76 机械部分结构图

轴承座中使用两个小型号的轴承固定五连杆机构的驱动轴，结构紧凑、体积小巧，表面经过发黑处理。整个箱体采用可拆分式结构，便于安装、维修与调试。箱体所有表面经过喷塑，并且各边都有铝合金条包边处理。键盘采用贴片式薄膜键盘，与普通的按键式键盘相比，不仅轻薄，而且美观、易于安装。键盘、电源开关、显示屏和指示灯等组件与整个面板融为一体，安装时只需贴到箱体的前板即可。

3. 实验台控制部分结构

实验台控制部分为一台单片微机控制系统，它包括 MSP430F149 单片机、两个编码器、两个步进电机、4×4 的键盘、2×16LCD 液晶显示屏、串口、蜂鸣器、指示灯、测角位移电路、辨向电路等。它既能独立工作，完成示教及示教恢复运行，又能与计算机联机通讯，实现计算机动态显示的连杆曲线。其控制系统如图 2.77 所示，控制系统的硬件结构图如图 2.78 所示。

控制系统的硬件设计，整个硬件没有使用单片机的总线扩展，由 MSP430 的各个 I/O 口成功地实现了连接。

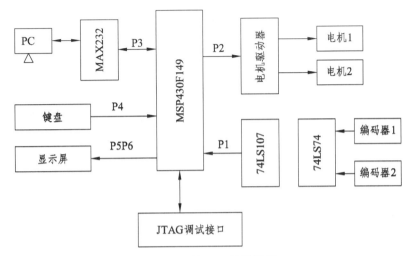

图 2.77　控制系统模块图

图 2.78　控制系统硬件结构图

4. 计算机通讯及软件部分

由于采用了单片机和计算机对五连杆机构进行联合控制，计算机程序是人对五连杆实验台进行操作的接口，设计一个良好的计算控制程序是相当重要的。计算机程序不仅应该可以接收和存储单片机发来的数据、对这些数据进行分析与处理，而且还要发挥计算机的功能，对五连杆机构进行复杂的控制。

计算机通讯是用计算机 COM1 或 COM2 串行通讯口实现与实验台单片微机控制器通讯的，计算机发送控制命令或数字采用查询方式，接收数据采用中断方式。软件部分主要由以下几个功能模块组成：

（1）给实验台控制器发送控制命令，实现实验台的各种功能。

（2）给定五杆的杆长和原动件运动规律后，验证双曲柄存在条件，对各杆的运动规律进行分析，并在计算机屏幕上动态模拟显示。

五连杆的模拟是通过在计算机屏幕上绘制出各连杆的位置,由于步进电机的转角是离散的值,这样就可以按照转角计算出步进电机带动两原动件每次移动一步后的位置,这样连续不断地刷新,就可以产生连续运动的动画效果。

在模拟五连杆绘图时使用了 TCanvas、TPen 等 C++ 类,以及一些绘图用的函数,如:MoveTo、LineTo、Ellipse 等类中的方法。绘制图形时,连杆与轨迹的绘制方法不同,需单独处理。连杆的绘制方法使用了异或的方式,在擦除的时候只需在原来位置重新画一遍就可以达到擦除效果。而连杆轨迹点则需一直保留下来,因此,使用了普通的绘图方式。模拟时还要涉及原动件的转速控制,即步进电机的每步之间的时间间隔控制。C++ Builder 中有一个 TTimer 类是专用于时间控制的,定时时间间隔最小为 1 ms。使用它来进行五连杆两原动件的控制较为方便,只要在它的定时事件中调用相应的绘图函数即可实现。

各连杆位置的求解是根据直角坐标计算方法,对连杆轨迹点求解。

F 点坐标:
$$\begin{cases} x_F = x_C + \dfrac{l_6}{l_3}(x_D - x_C) \\ y_F = y_C + \dfrac{l_6}{l_3}(y_D - y_C) \end{cases}$$

P 点坐标:
$$\begin{cases} x_P = x_F - (x_D - x_C)\dfrac{l_5}{l_3} \\ y_P = y_F - (y_D - y_C)\dfrac{l_5}{l_3} \end{cases}$$

求出所需要的各点坐标后,就可以使用计算机进行模拟,在计算机上研究五连杆的轨迹。平面五连杆机构简图如图 2.79 所示。程序流程图如图 2.80 所示。

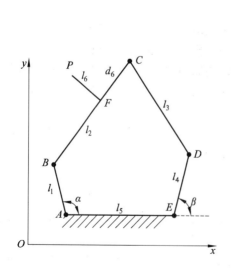

图 2.79 平面五连杆机构简图

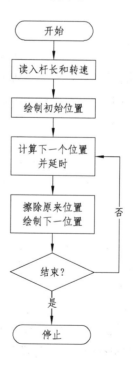

图 2.80 五连杆机构计算机模拟流程图

（3）给出预定的轨迹，综合五杆机构的杆长和原动件的运动规律。

5. 实验台功能

（1）可以按预定的轨迹综合连杆机构尺寸，并可对五杆双曲柄的存在条件进行验证。

（2）可以按预定的轨迹示教，找出原动件的运动规律。

（3）可按示教的原动件运动规律实现已知连杆曲线。

（4）当一个原动件固定时，可作单自由度四杆实验法综合实验台使用。此时四个杆长均可在一定范围内按需要进行调整。

（5）作四杆机构实验时，由于五杆中其中一个连架杆可在不同位置上固定，而且该连架杆长度也可调整，这就意味着可方便地改变四杆机构机架的长度，即可使四个杆长均可在设计范围内改变长度，这样对四杆机构演示及轨迹综合的内容就可扩大。如：可以验证四杆机构曲柄存在条件；可以获得双曲柄机构、双摇杆机构、曲柄摇杆机构；可以演示不同类型机构的连杆曲线轨迹。

（6）本实验台可以用586微机按已知运动规律进行计算机综合及模拟显示，通过人机对话输入杆长、两原动件起始角及运动规律，在屏幕上动态演示连杆曲线图形。并可进一步通过计算机与单片机通讯来控制步进电机，在连杆机构实验台上作真实实验演示，实现屏幕上设定的连杆曲线。

（7）本实验台若配上各种传感器还可作连杆机构运动参数测定实验及动力参数（压力角、传动角）测定实验。

（8）本实验台还可以作为单片机原理及应用、微机控制技术、机电一体化技术、计算机应用及程序设计等实验设备，并可一机多用。

6. 示教及智能控制

示教就是把人为的实际的轨迹及其运动规律记录下来，并能够实现还原。这就需要有一定的传感装置把两个原动件的运动规律探测出来，再由其他的装置进行处理与记录。在五连杆实验台中采用了圆光栅编码器作为传感器，检测原动件的运动。因步进电机一旦加电就会自动锁死，使原动件无法受外部力量转动，因此，示教时必须首先控制步进电机断电，才能用手带动连杆运动，完成示教操作。

轨迹的还原是通过计算机把示教记录的数据通过串口传送给单片机，它与示教时数据的传输恰好相反，计算机和单片机都需要编制相应的程序才可实现轨迹的输出功能。示教数据采集流程如图2.81所示。

单片机方面的控制是通过片内定时器TimerB实现的，定时器工作于比较模式，使用一个捕获/比较寄存器和一个中断。其程序的结构与示教功能相似，也是主程序加中断服务程序。单片机端轨迹还原主程序和中断程序流程图如图2.82所示。

五连杆机构轨迹智能控制的目的是使连杆点可以实现任意形状的轨迹，该功能的实现主要是利用计算机的强大计算功能。

单片机负责轨迹的具体实现，原理与示教轨迹还原是一样的。在示教还原时，数据从计算机通过串口传送给单片机，单片机进行最终的执行控制。这里的数据是示教时记录下来的，如果可以用计算机根据轨迹生成如图2.83所示格式的数据，就可以对五连杆机构进行灵活的控制。

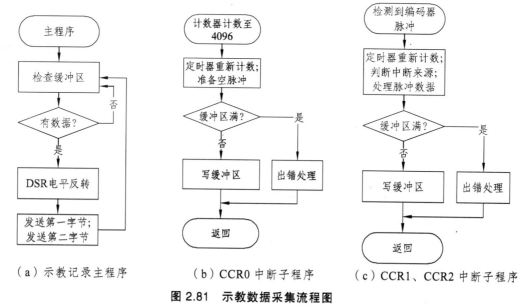

图 2.81 示教数据采集流程图

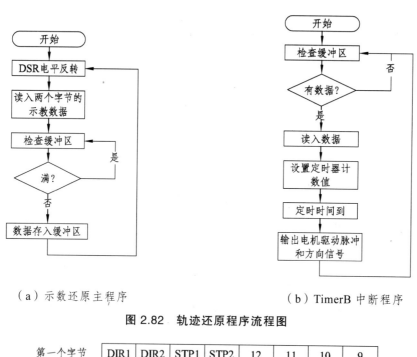

图 2.82 轨迹还原程序流程图

| 第一个字节 | DIR1 | DIR2 | STP1 | STP2 | 12 | 11 | 10 | 9 |

| 第二个字节 | 8 | 7 | 6 | 5 | 4 | 3 | 2 | 1 |

图 2.83 数据编码格式

实现该功能的关键是对轨迹进行分析,因此难点就在于计算机对轨迹进行分析的算法与程序的设计。给出驱动步进电机转动所需要的全部信息,经计算机整理后,按照图 2.83 的数据格式发送给单片机,即可实现平面五连杆机构的轨迹智能控制。

四、实验任务及要求

（1）利用单片机和计算机对五连杆机构进行综合控制的方法，研究掌握五连杆机构的示教及智能控制。

（2）在计算机上研究五连杆的轨迹，实现五连杆机构（解耦）、五连杆机构（未解耦）的连杆曲线综合。

五、实验操作步骤

（1）按所需连杆曲线初步选定连杆机构的各杆尺寸，按要求装配妥当，操作实验。

（2）进行五连杆机构（解耦）曲线轨迹综合。

使五杆的中心距为0；

杆件长度（mm）：$l_{S1}=40$，$l_{S2}=40$，$l_{S3}=-40$，$l_{S4}=40$，$l_{S5}=0$；

杆件质量（g）：$m_1=500$，$m_2=500$，$m_3=500$，$m_4=600$；

转动惯量（g·mm²）：$J_1=50\,000$，$J_2=50\,000$，$J_3=50\,000$，$J_4=60\,000$；

这时机构变为平行四边形机构，进行智能控制。

（3）五连杆机构（未解耦）

杆件长度（mm）：$l_1=40$，$l_2=200$，$l_3=200$，$l_4=40$，$l_5=150$；

杆件质量（g）：$m_1=500$，$m_2=500$，$m_3=500$，$m_4=500$；

转动惯量（g·mm²）：$J_1=8\,000$，$J_2=3\,000$，$J_3=3\,000$，$J_4=8\,000$；

进行五连杆机构（未解耦）曲线轨迹综合。

（4）观察二自由度五连杆机构及连杆曲线的多样性。可在计算机上设置好有关机构尺寸及两原动件的运动规律，演示连杆点曲线，也可在实验台上按所设置的尺寸及原动件运动规律来实现屏幕上的轨迹曲线。

（5）按已知连杆曲线综合五连杆机构，进行示教及智能控制。

六、实验注意事项

（1）作连杆机构综合时，应当正确选取各构件的长度和质量。

（2）实验时应注意使两连架杆的初始位置与屏幕上设置的位置一致。

七、思考题

（1）五连杆机构轨迹智能控制如何实现？

（2）什么叫五连杆机构正解、反解？

（3）简述机电一体化在五连杆机构中如何应用。

（4）什么叫机构的解耦性？

（5）平面五连杆机构的优点在于能够实现变轨迹的运动，采取闭链方式可以使其刚度增加，但机构的耦合使其运动的控制变得困难，若实现五连杆机构解耦合以后，探讨运动空间与五连杆机构解耦性的关系。

第三章 机械设计实验

第一节 带传动实验

一、实验目的

（1）掌握转速、转矩、传动功率、传动效率等机械传动性能参数测试的基本原理和方法。

（2）通过实验，了解各种单级机械传动装置的特点，对各种单级机械传动装置的传动功率大小范围有定量的了解。

（3）了解带传动中的弹性滑动现象、打滑现象及其与带传动工作能力之间的关系；观察带传动的工作情况，加深理解带传动的工作原理及力的变化情况，巩固课堂所学知识。

（4）掌握绘制带传动滑动曲线（ε-P）的方法及确定带初拉力的方法。

（5）了解 ZJS50 系列综合设计型机械设计实验装置的基本构造及其工作原理。

二、实验要求

（1）观察带传动的弹性滑动及打滑现象。

（2）绘制 V 带传动效率曲线及滑动率曲线。

三、实验装置及其工作原理

实验装置采用 ZJS50 系列综合设计型机械设计实验装置。该实验装置是一种模块化、多功能、开放式的具有工程背景的教学与科研兼用的新型机械设计综合实验装置，其主要由动力模块（库）、传动模块（库）、支承联接及调节模块（库）、加载模块（库）、测试模块（库）、工具模块（库）及控制与数据处理模块（库）等组成，通过对各模块（库）的选择及装配搭接，实现"带传动""链传动""齿轮传动""蜗杆传动"等典型的单级机械传动装置性能测试及其他新型传动装置等的基本型实验，更可进行多级组合机械传动装置性能测试等的基本实验，形成如"带-齿轮传动""齿轮-链传动""带-链传动""带-齿轮-链传动"等多种组合传动系统的性能比较，布置优化等综合设计型实验及分析、研究相关参数变化对机械传动系统基本特性的影响，机械传动系统方案评价等研究创新型实验。

实验装置的基本组成如下：

（一）动力模块（库）

（1）YS90L4 电动机：额定功率 1.5 kW；同步转速 1 400 r/min；额定电压下，最大转矩与额定转矩之比 2.3。

（2）MM420-150/3 变频器：用于控制三相交流电动机的速度；输入电压 (380~480)(1±10%)；功率范围 1.5 kW；输入频率 47~63 Hz；输出频率 0~650 Hz；功率因数 0.98；控制方法：线性 V/f 控制，带磁通电流控制（FCC）的线性 V/f 控制，平方 V/f 控制，多点 V/f 控制。

（二）传动模块（库）

V 带传动：带及带轮，Z 型带，带基准长度：900 mm\1 000 mm\1 250 mm\1 400 mm
Z 型带轮基准直径：106 mm\132 mm\160 mm\190 mm

（三）支承联接及调节模块（库）

基础工作平台、标准导轨、专用导轨、电机-小传感器垫块-01、电机-小传感器垫块-02、小传感器垫块、大传感器垫块-01、大传感器垫块-02、蜗杆垫块-01、蜗杆垫块-02、磁粉制动器垫块、专用轴承座、新型联轴器（Flexible Jaw Couplings）、带轮及链轮快速张紧装置（Stock Taper Bushings）以及各种规格的联接件（键、螺钉、螺栓、垫片、螺母等）等。

（四）加载模块（库）

（1）CZ-5 型磁粉制动（加载）器：额定转矩 50 N·m，激磁电流 0.8 A，允许滑差功率 3.5 kW。

（2）WLY-1A 稳流电源：输入电压：AC 220×(1±10%) V，50/60 Hz；输出电流：0~1 A；稳流精度：1%。

（五）测试模块（库）

（1）实验数据测试及处理软件：实验教学用专用软件。

（2）NJ0 型转矩转速传感器：额定转矩 20 N·m；转速范围：0~10 000 r/min；转矩测量精度：0.1~0.2 级；转速测量精度：±1 r/min。

（3）NJ1D 型转矩转速传感器：额定转矩 50 N·m；转速范围：0~6 000 r/min；转矩测量精度：0.1~0.2 级；转速测量精度：±1 r/min。

（4）JX-1A 机械效率仪：转矩测量范围 0~99 999 N·m；转速测量范围：0~30 000 r/min。

（六）工具模块（库）

配套、齐全的装拆调节工具。

（七）控制与数据处理模块（库）

实验装置的控制模块、数据采集、处理模块（除传感器外）及加载模块等集中配置于一个分置式实验控制柜内。通过对被测实验传动装置的动力、数据采集、处理及加载等控制,将传感器采集的实验测试数据通过 A/D 转换器以 RS232 的方式传送到测试模块,由测控模块计算机系统的专用实验教学软件进行实验数据分析及处理,实验结果可直接在计算机屏幕上显示,或由打印机打印输出实验结果,完成实验。

实验装置的基本构造框图如图 3.1 所示。

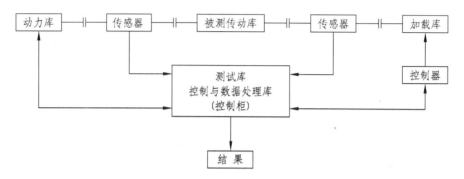

图 3.1 实验装置的基本构造框图

四、实验原理和方法

(一)传动效率 η 及其测定方法

效率 η 表示能量的利用程度。在机械传动中,输入功率 P_i 应等于输出功率 P_o 与损耗功率 P_f 之和,即

$$P_i = P_o + P_f \tag{3.1}$$

式中 P_i ——输入功率,kW;

P_o ——输出功率,kW;

P_f ——损耗功率,kW。

则传动效率 η 定义为

$$\eta = \frac{P_o}{P_i} \tag{3.2}$$

由力学知识可知,轴传递的功率可按轴的角速度和作用于轴上的力矩由下式求得

$$P = M\omega = \frac{2\pi n}{60 \times 1\,000} M = \frac{\pi n}{30\,000} M \tag{3.3}$$

式中 P ——轴传递的功率,kW;

M ——作用于轴上的力矩,N·m;

ω ——轴的角速度,rad/s;

n ——轴的转速,r/min。

则传动效率 η 可改写为

$$\eta = \frac{M_o n_o}{M_i n_i} \tag{3.4}$$

由此可见，若能利用仪器测出机械传动装置的输入转矩和转速以及输出转矩和转速，就可以通过式（3.4）计算出传动装置的传动效率 η。

在本实验中，采用转矩转速传感器来测量输入转矩和转速以及输出转矩和转速。

（二）带传动的弹性滑动和打滑现象、滑动率测定及预紧力控制与测定

带传动是以带作为挠性拉曳元件并借助带与带轮间的摩擦力来传递运动或动力的一种摩擦传动。其主要特点是能缓和冲击，吸收振动，运转平稳，噪声小，结构简单，过载时将引起带在带轮上打滑，因而具有过载保护作用，能适用于中心距较大的工作条件。但带传动工作时有弹性滑动，使其传动效率降低，并造成速度损失而不能保持准确的传动比；带传动的外廓尺寸大；由于工作前需要张紧，使轴上受力较大。

1. 带传动的弹性滑动和打滑现象及滑动率测定

由于带是弹性体，受力不同时变形（伸长）量不等，而带在工作时，紧边和松边的拉力不同，其拉力差及相应的变形差造成带在绕过带轮时，由于摩擦力的存在，使其在主动轮上出现轮的线速度大于带的线速度，而在从动轮上出现轮的线速度小于带的线速度的现象，这种现象称为带的弹性滑动。弹性滑动是不可避免的，是带传动的固有特性。

带的弹性滑动通常以滑动率 ε 来衡量，其定义为

$$\varepsilon = \frac{v_1 - v_2}{v_1} = \frac{n_1 D_1 - n_2 D_2}{n_1 D_1} \tag{3.5}$$

式中　v_1、v_2——主、从动轮的圆周速度，m/s；
　　　n_1、n_2——主、从动轮的转速，r/min；
　　　D_1、D_2——主、从动轮的直径，m。

因此，只要能测得带传动主、从动轮的转速以及带轮直径，就可以通过式（3.5）计算出带传动滑动率 ε。

带传动的滑动率 ε 一般为 1%～2%；当 $\varepsilon > 3\%$ 时，带传动将开始打滑。

带传动工作时，当载荷大到使弹性滑动扩展到整个带与带轮的接触弧时，带在带轮上开始全面滑动，这种现象就称为打滑。打滑时带的磨损加剧，传动效率急剧下降，从动轮转速急剧降低甚至停止运动，致使传动失效。打滑对正常工作的带传动是不希望发生的，应予避免（用作过载保护时除外）。

带传动的主要失效形式是带的磨损、疲劳破坏和打滑。带的磨损是由于带与带轮间的弹性滑动引起的，是不可避免的；带的疲劳破坏是由于带在工作中所受的交变应力引起的，其与带传动的载荷大小、工作状况、运行时间、带轮直径等因素有关，它也是不可避免的；带的打滑是由于载荷超过带的极限工作能力时而产生的，是可以避免的。

2. 带的预紧力控制

带传动工作前需进行张紧，而预紧力的大小是保证带传动能否正常工作的重要条件。预

紧力不足,则极限摩擦力小,传动能力低,容易发生打滑;预紧力过大,又会使带的寿命降低,轴和轴承上的压力增大。

单根 V 带最合适的预紧力 F_0 可按下式计算

$$F_0 = 500\left(\frac{2.5}{K_\alpha} - 1\right)\frac{P_d}{zv} + mv^2 \quad (\text{N}) \tag{3.6}$$

式中　K_α ——小带轮包角修正系数;
　　　P_d ——设计功率,kW;
　　　z ——V 带根数;
　　　m ——V 带每米长的质量,kg/m;
　　　v ——带速,m/s。

五、实验操作步骤及方法

(1) 观察相关实验台的各部分结构,检查实验平台上各设备、电路及各测试仪器间的信号线是否连接可靠。

(2) 用手转动被测传动装置,检查其是否转动灵活及有无阻滞现象。

(3) 实验数据测试前,应对测试设备进行调零。调零时,应将传感器负载侧联轴器脱开,启动电动机,调节 JX-1A 机械效率仪的零点,以保证测量精度;在负载不便脱开时,启动传感器顶部的小电动机,并使其转向与实验时传感器输出轴的转向相反,按仪器(或实验测试软件)"清零"键,使仪器转矩显示为零,停止传感器顶部的小电动机转动,调零结束,即可开始实验。

(4) 启动主电动机进行实验数据测试。实验测量应从空载开始,无论进行何种实验,均应先启动电机,后施加载荷,严禁先加载后开机。在施加实验载荷时,应平稳旋动 WLY-1A 稳流电源的激磁旋钮,并注意输入传感器的最大转矩,分别不应超过其额定值的 120%。

(5) 在实验过程中,如遇电机及其他设备等转速突然下降或者出现不正常的噪声、振动和温升时,必须卸载或紧急停车,以防电机突然转速过高,烧坏电机、设备及其他意外事故的发生。

(6) 实验测试完毕,关闭控制柜主电源及各测试设备电源。

(7) 根据实验要求,完成实验报告。

附:实验测试步骤

1. 系统参数输入阶段

按给定条件和实验要求,设计、组装好实验台。

(1) 打开效率仪开关(注:测试过程中不可关闭此开关),效率仪面板如图 3.2 所示。

(2) 运行【试验台测试软件】,进入测试软件主界面,如图 3.3 所示。

第三章 机械设计实验

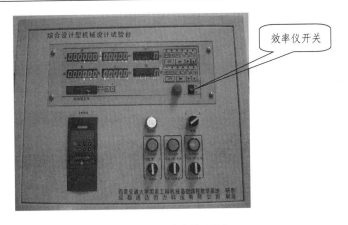

图 3.2　效率仪面板

图 3.3　测试软件主界面

（3）点击【实验管理】菜单（见图 3.4）

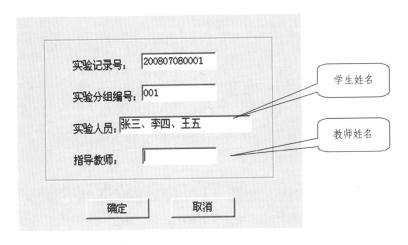

图 3.4　实验人员信息录入界面

(4)输入有关信息,点击【确定】,弹出"实验类型选择"菜单。
(5)根据实验内容,选择【实验类型】、输入【实验参数】,点击【确定】(见图3.5)。

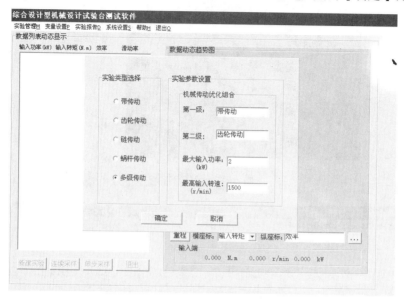

图3.5 实验类型选择界面

(6)点击【系统设置】菜单,选择【参数】菜单(见图3.6)。

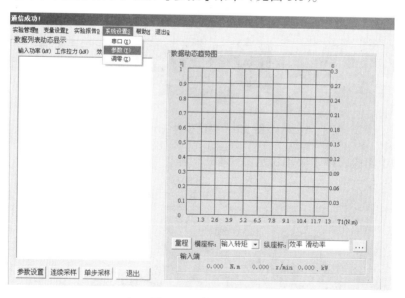

图3.6 系统设置

(7)弹出"参数设置"对话框(见图3.7)。

图3.7 参数设置

（8）选择"扭矩系数设置"，弹出"SetJWFactor"对话框（见图3.8）：修改小电机参数（注意：所有的参数自动生成，只需修改小电机转速），点击【确认】。

小电机转速设置方法：
打开【输入小电机】和【输出小电机】开关，拨到任意位置，待转速稳定后，读取效率仪上 n1 和 n2 数值，对应修改此参数。

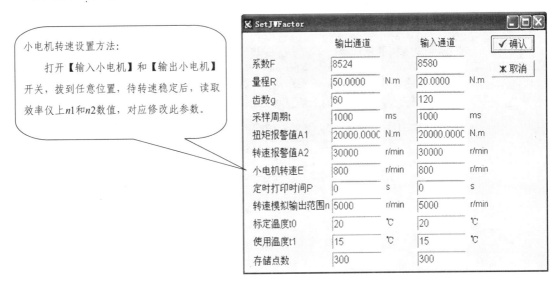

图 3.8 扭矩系数设置

（9）再选择【参数设置】对话框中【扭矩零点编辑】菜单，弹出"SetJWZero"对话框（见图3.9）：将【SetJWZero】菜单中的所有参数设置为"0"，并【确认】。

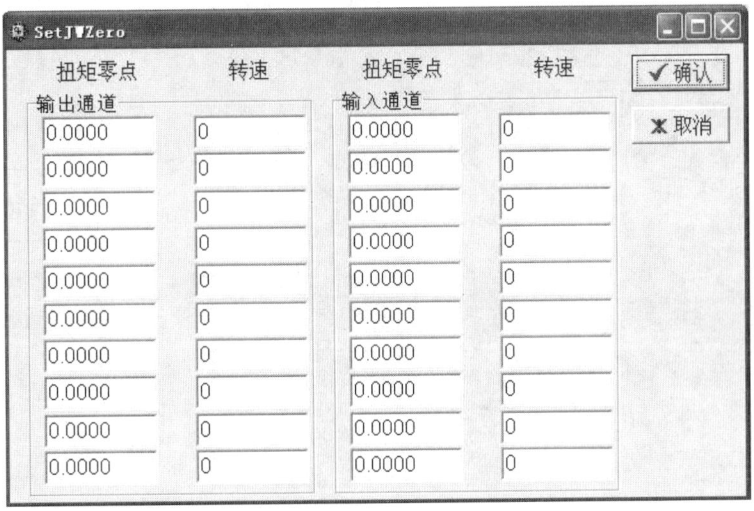

图 3.9 SetJWZero 对话框

2. 系统调零（系统初始化）阶段

（1）启动控制面板上【主电机】（注意人员安全），旋转到【工频】位置，此时效率仪上主动轮 n1 和从动轮 n2 有转速。

（2）再启动控制面板上【输入小电机】和【输出小电机】，并旋转到【正转】或【反转】位置（注意：观察机械效率仪上 n1、n2 转速变大，为正确转向）。

（3）关闭【主电机】。

（4）点击【系统设置】菜单，点击【调零】键（见图3.10），此时机械效率仪上 M1、M2 显示为零，关闭【输入小电机】和【输出小电机】。

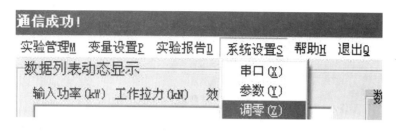

图3.10　系统调零

3. 数据测试阶段

（1）启动主电机，旋转到【工频】位置。

（2）打开【输入小电机】和【输出小电机】，旋转到【正转】或【反转】位置（注意：观察机械效率仪上 n1、n2 转速变大，为正确转向）。

（3）按下输入和输出端的【扣除/记录】键（见图3.11）。

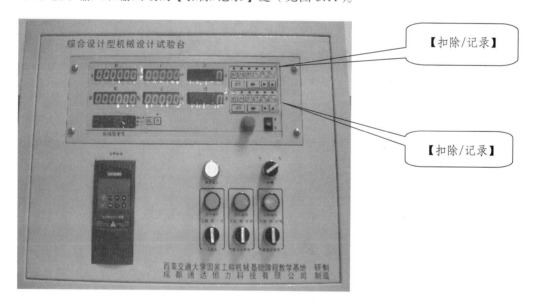

图3.11　效率仪面板

（4）打开加载开关，点击【连续采样】同时旋转加载旋钮，测试系统将自动采集数据，生成各种曲线，点击【采样结束】，并点击【保存】。

（5）在主菜单中，点击【实验报告】，选择你的实验报告，如图3.12、3.13所示。

（6）同时按下键盘的"Alt"和"Print"键，抓取屏幕图像，粘贴在文件 Word 中，打印数据。

第三章 机械设计实验

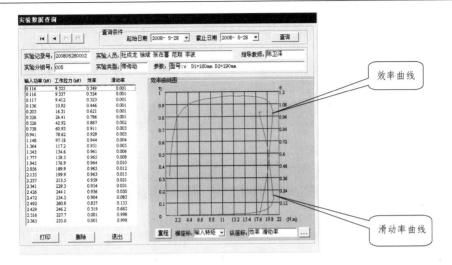

图 3.12 带传动实验

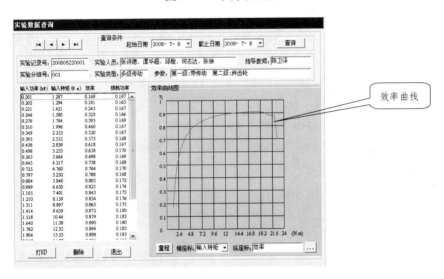

图 3.13 多级传动实验

六、思考题

（1）影响带传动的弹性滑动与传动能力的因素有哪些？对传动有何影响？
（2）带传动的弹性滑动现象与打滑有何区别？它们产生的原因是什么？

第二节 啮合传动实验

一、实验目的

（1）掌握转速、转矩、传动功率、传动效率等机械传动性能参数测试的基本原理和方法。

（2）通过实验，了解各种单级机械传动装置的特点，对各种单级机械传动装置的传动功率大小范围有定量的了解。

（3）了解 ZJS50 系列综合设计型机械设计实验装置的基本构造及其工作原理。

二、实验要求

（1）绘制齿轮传动的效率曲线。

（2）绘制蜗杆传动的效率曲线。

（3）观察链传动的动态特性（多边形效应），绘制链传动效率曲线。

三、实验装置及其工作原理

实验装置采用 ZJS50 系列综合设计型机械设计实验装置。该实验装置是一种模块化、多功能、开放式的具有工程背景的教学与科研兼用的新型机械设计综合实验装置，其主要由动力模块（库）、传动模块（库）、支承联接及调节模块（库）、加载模块（库）、测试模块（库）、工具模块（库）及控制与数据处理模块（库）等组成，通过对各模块（库）的选择及装配搭接，实现"带传动""链传动""齿轮传动""蜗杆传动"等典型的单级机械传动装置性能测试及其他新型传动装置等的基本型实验，更可进行多级组合机械传动装置性能测试等的基本实验，形成如"带-齿轮传动""齿轮-链传动""带-链传动""带-齿轮-链传动"等多种组合传动系统的性能比较，布置优化等综合设计型实验及分析、研究相关参数变化对机械传动系统基本特性的影响，机械传动系统方案评价等研究创新型实验。

实验装置的基本组成如下：

（一）动力模块（库）

（1）Y90L-4 电动机：额定功率 1.5 kW；同步转速 1 500 r/min；额定电压下，最大转矩与额定转矩之比 2.3。

（2）MM420-150/3 变频器：用于控制三相交流电动机的速度；输入电压 (380~480)(1±10%) V；功率范围 1.5 kW；输入频率 47~63 Hz；输出频率 0~650 Hz；功率因数 0.98；控制方法：线性 V/f 控制，带磁通电流控制（FCC）的线性 V/f 控制，平方 V/f 控制，多点 V/f 控制。

（二）传动模块（库）

（1）HTS 8M 同步带传动：同步带轮齿数：32\40，同步带长：1 040 mm\1 200 mm。

（2）链传动：链及链轮，链号：08B，链节距 p = 12.70 mm，链轮齿数：21\24\27。

（3）JSQ-XC-120 齿轮减速器（斜齿）：减速比 1∶1.5，齿数 Z_1 = 38、Z_2 = 57，螺旋角 β = 8°16′38″，中心距 a = 120 mm，法面模数 m_n = 2.5。

（4）NRV063 蜗杆减速器：蜗杆类型 ZA，轴向模数 m = 3.250，蜗杆头数 Z_1 = 4，蜗轮齿数 Z_2 = 30，减速比 1∶7.5，中心距 a = 63 mm；松开弹簧卡圈可改变输出轴的方向。

（三）支承联接及调节模块（库）

基础工作平台、标准导轨、专用导轨、电机-小传感器垫块-01、电机-小传感器垫块-02、小传感器垫块、大传感器垫块-01、大传感器垫块-02、蜗杆垫块-01、蜗杆垫块-02、磁粉制动器垫块、专用轴承座、新型联轴器（Flexible Jaw Couplings）、带轮及链轮快速张紧装置（Stock Taper Bushings）以及各种规格的联接件（键、螺钉、螺栓、垫片、螺母等）等。

（四）加载模块（库）

（1）CZ-5型磁粉制动（加载）器：额定转矩 50 N·m，激磁电流 0.8 A，允许滑差功率 4 kW。

（2）WLY-1A稳流电源：输入电压：AC 220(1±10%) V，50/60 Hz；输出电流：0~1 A；稳流精度：1%。

（五）测试模块（库）

（1）实验数据测试及处理软件：实验教学用专用软件。

（2）ZJ0D型转矩转速传感器：额定转矩 20 N·m；转速范围：0~10 000 r/min；转矩测量精度：0.1~0.2级；转速测量精度：±1 r/min。

（3）NJ1D型转矩转速传感器：额定转矩 50 N·m；转速范围：0~6 000 r/min；转矩测量精度：0.1~0.2级；转速测量精度：±1 r/min。

（4）JX-1A机械效率仪：转矩测量范围 0~99 999 N·m；转速测量范围：0~30 000 r/min。

（六）工具模块（库）

配套、齐全的装拆调节工具。

（七）控制与数据处理模块（库）

实验装置的控制模块、数据采集、处理模块（除传感器外）及加载模块等集中配置于一个分置式实验控制柜内。通过对被测实验传动装置的动力、数据采集、处理及加载等控制，将传感器采集的实验测试数据通过 A/D 转换器以 RS232 的方式传送到测试模块，由测控模块计算机系统的专用实验教学软件进行实验数据分析及处理，实验结果可直接在计算机屏幕上显示，或由打印机打印输出实验结果，完成实验。

实验装置的基本构造框图如图 3.14 所示。

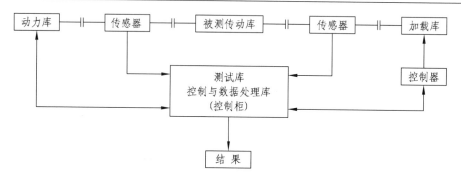

图 3.14 实验装置的基本构造框图

四、实验原理和方法

传动效率 η 及其测定方法：

效率 η 表示能量的利用程度。在机械传动中，输入功率 P_i 应等于输出功率 P_o 与损耗功率 P_f 之和，即

$$P_i = P_o + P_f \tag{3.7}$$

式中　　P_i —— 输入功率，kW；

　　　　P_o —— 输出功率，kW；

　　　　P_f —— 损耗功率，kW。

则传动效率 η 定义为

$$\eta = \frac{P_o}{P_i} \tag{3.8}$$

由力学知识可知，轴传递的功率可按轴的角速度和作用于轴上的力矩由下式求得

$$P = M\omega = \frac{2\pi n}{60 \times 1\,000} M = \frac{\pi n}{30\,000} M \tag{3.9}$$

式中　　P —— 轴传递的功率，kW；

　　　　M —— 作用于轴上的力矩，N·m；

　　　　ω —— 轴的角速度，rad/s；

　　　　n —— 轴的转速，r/min。

则传动效率 η 可改写为

$$\eta = \frac{M_o n_o}{M_i n_i} \tag{3.10}$$

由此可见，若能利用仪器测出机械传动装置的输入转矩和转速以及输出转矩和转速，就可以通过式（3.10）计算出传动装置的传动效率 η。

在本实验中，采用转矩转速传感器来测量输入转矩和转速以及输出转矩和转速。

五、实验操作步骤及方法

（1）观察相关实验台的各部分结构，检查实验平台上各设备、电路及各测试仪器间的信号线是否连接可靠。

（2）用手转动被测传动装置，检查其是否转动灵活及有无阻滞现象。

（3）实验数据测试前，应对测试设备进行调零。调零时，应将传感器负载侧联轴器脱开，启动电动机，调节 JX-1A 机械效率仪的零点，以保证测量精度；在负载不便脱开时，启动传感器顶部的小电动机，并使其转向与实验时传感器输出轴的转向相反，按仪器（或实验测试软件）"清零"键，使仪器转矩显示为零，停止传感器顶部的小电动机转动，调零结束，即可开始实验。

（4）启动主电动机进行实验数据测试。实验测量应从空载开始，无论进行何种实验，均应先启动电机，后施加载荷，严禁先加载后开机。在施加实验载荷时，应平稳旋动 WLY-1A 稳流电源的激磁旋钮，并注意输入传感器的最大转矩，分别不应超过其额定值的 120%。

（5）在实验过程中，如遇电机及其他设备等转速突然下降或者出现不正常的噪声、振动和温升时，必须卸载或紧急停车，以防电机突然转速过高，烧坏电机、设备及其他意外事故的发生。

（6）实验测试完毕，关闭控制柜主电源及各测试设备电源。

（7）根据实验要求，完成实验报告。

六、实验测试步骤

见本章第一节之"附：实验测试步骤"。

七、思考题

（1）啮合传动装置的效率与哪些因素有关？为什么？

（2）啮合传动中各种传动类型各有什么特点？其应用范围如何？

（3）通过实验，比较带传动与链传动的主要特点及应用范围。

（4）通过实验，讨论摩擦传动与啮合传动的主要特性如何。

第三节 机械传动系统设计及系统参数测试实验

一、实验目的和任务

本实验强调由学生独立进行，并完成其全部实验过程。通过这样的训练，旨在达到以下目的：

（1）培养学生的开拓进取精神、动手能力和独立工作能力，摆脱过分依赖教师、书本的封闭式被动学习局面。

（2）强化工程意识、加强实践环节训练，使学生受到独立承担实验课题、独立解决工程实际问题能力的实验正规化训练。从中体味：如何从接到一个工程实际课题开始开展实验工作以及怎样完成一个工业实验的全过程等。

（3）了解机械传动系统的设计方法，熟悉并掌握有关仪器、仪表的工作原理和使用方法。

二、实验仪器、设备及材料

（1）ZJS50 系列综合设计型实验平台。

（2）动力模块（库）。

① YS90L4 电动机：额定功率 1.5 kW；同步转速 1 400 r/min；额定电压下，最大转矩与额定转矩之比 2.3。

② MM420-150/3 变频器：用于控制三相交流电动机的速度；输入电压 (380～480)(1±10%) V；功率范围 1.5 kW；输入频率 47～63 Hz；输出频率 0～650 Hz；功率因数 0.98；控制方法：线性 V/f 控制，带磁通电流控制（FCC）的线性 V/f 控制，平方 V/f 控制，多点 V/f 控制。

（3）传动模块（库）。

① V 带传动：

Z 型带基准长度：900 mm\1 000 mm\1 250 mm\1 400 mm

Z 型带轮基准直径：106 mm\132 mm\160 mm\190 mm

② HTS 8M 同步带传动：

同步带轮齿数：32\40

同步带长：1 040 mm\1 200 mm

③ 链传动：

链号：08B，链节距 $p = 12.70$ mm

链轮齿数：21\24\27

④ JSQ-XC-120 齿轮减速器（斜齿）：

减速比 1∶1.5，齿数 $Z_1 = 38$、$Z_2 = 57$，螺旋角 $\beta = 8°16'38''$，中心距 $a = 120$ mm，法面模数 $m_n = 2.5$。

⑤ NRV063 蜗杆减速器：

蜗杆类型 ZA，轴向模数 $m = 3.250$，蜗杆头数 $Z_1 = 4$，蜗轮齿数 $Z_2 = 30$，减速比 1∶7.5，中心距 $a = 63$ mm；松开弹簧卡圈可改变输出轴的方向。

（4）支承联接及调节模块（库）。

基础工作平台、标准导轨、专用导轨、电机-小传感器垫块-01、电机-小传感器垫块-02、小传感器垫块、大传感器垫块-01、大传感器垫块-02、蜗杆垫块-01、蜗杆垫块-02、磁粉制动器垫块、专用轴承座、新型联轴器（Flexible Jaw Couplings）、带轮及链轮快速张紧装置（Stock Taper Bushings）以及各种规格的联接件（键、螺钉、螺栓、垫片、螺母等）等。

（5）加载模块（库）。

① CZ-5 型磁粉制动（加载）器：额定转矩 50 N·m，激磁电流 0.8 A，允许滑差功率 3.5 kW。

② WLY-1A 稳流电源：输入电压：AC220 V±10%，50/60 Hz；输出电流：0～1 A；稳流精度：1%；

（6）测试模块（库）。

① 实验数据测试及处理软件：实验教学用专用软件。

② NJ0 型转矩转速传感器：额定转矩 20 N·m；转速范围：0～10 000 r/min；转矩测量精度：0.1～0.2 级；转速测量精度：±1 r/min。

③ NJ1D 型转矩转速传感器：额定转矩 50 N·m；转速范围：0～6 000 r/min；转矩测量精度：0.1～0.2 级；转速测量精度：±1 r/min。

④ JX-1A 机械效率仪：转矩测量范围 0～99 999 N·m；转速测量范围：0～30 000 r/min。

（7）工具模块（库）。

配套、齐全的装拆调节工具。

（8）控制与数据处理模块（库）。

实验装置的控制模块、数据采集、处理模块（除传感器外）及加载模块等集中配置于一个分置式实验控制柜内。通过对被测实验传动装置的动力、数据采集、处理及加载等控制，将传感器采集的实验测试数据通过 A/D 转换器以 RS232 的方式传送到测试模块，由测控模块计算机系统的专用实验教学软件进行实验数据分析及处理，实验结果可直接在计算机屏幕上显示，或由打印机打印输出实验结果，完成实验。

三、实验内容和进行方式

本实验由指导教师指定被测对象、实验检测项目和学生实验分组。其后，由学生以实验组为单位完成以下工作：

（1）画出机械传动系统实验方案的原理图，明确列举欲检测的实验参数或物理量，选择、配备所需实验设备和仪器、仪表（包括种类、名称、规格型号、量程、精度等）。

（2）制订具体实验方案、实验步骤，熟悉并掌握实验设备性能和仪器仪表的使用方法。

（3）完成实验装置的组成、调试。

（4）进行组内人员分工，完成实验数据的采集处理并求出实验结果。

（5）完成实验报告的整理编写。

在进行以上工作时，自始至终应当以学生作为工作的主体，充分发挥其主观能动性。

除了指定学生完成实验任务以外，教师主要负责对学生的阶段性工作进行检查督促，解答学生工作进行中存在的疑难问题，审定核准学生提出的实验方案、实验步骤是否可行等。在整个实验过程中，教师只起一种指导辅助作用和为确保实验能够正常进行的"把关定向"作用。

四、实验步骤

第一步：实验布置和准备阶段。由实验指导教师布置实验任务和指定实验分组。明确规定学生要完成的实验内容和布置各阶段要完成的阶段性工作。其间可适当提示实验思路。其后，学生需按规定完成必要的实验准备工作。

第二步：实验指导教师检查、审定学生的实验准备工作情况的阶段。学生在完成教师规定的实验准备工作之后，应以实验组为单位，将其实验方案、实验步骤等实验准备资料面呈指导教师检查、审定，指导教师可就其提出质疑，同时，对学生关于仪器、仪表的熟悉和掌握程度等进行检查提问，并视具体情况决定是否可进行下一阶段工作。

第三步：实验装置的安装、调试和实验操作阶段。学生的实验准备工作在通过检查审定之后，即可进行实验装置的安装、调试。之后经教师检查，核准无误可进行实验操作。

第四步：实验报告的整理编写阶段。学生在获得实验检测数据之后，需对其进行整理，按一定格式编写实验报告并交由实验指导教师批阅。

五、实验注意事项

（1）本实验属于实用工业实验，且为了便于操作，对实验系统未采用隔离防护措施，因此在实验过程中，操作人员必须注意自身安全。

（2）实验前必须仔细阅读有关仪器、仪表的使用说明书，严格执行操作规程。如因盲目操作造成损坏，应由操作者按价赔偿。

（3）实验系统安装完毕，首先应进行自查，而后经教师确认无误后方可通电开机。

六、实验测试步骤

见本章第一节之"附：实验测试步骤"。

七、思考题

（1）根据实验结果，分析研究负载、转速、传动比、润滑、油温、张紧力等对传动性能的影响。

（2）多级机械传动系统方案的选择应考虑哪些问题？一般情况下宜采用何种方案？

（3）一般情况下，在由带传动、链传动等组成的多级机械传动系统中，带传动、链传动在传动系统中应如何布置？为什么？

第四节 减速器的拆装与结构分析

一、实验目的

（1）通过对减速器的拆装与观察，了解减速器的整体结构、功能及设计布局。

（2）通过减速器的结构分析，了解其如何满足功能、强度、刚度、工艺（加工与装配）要求及润滑与密封等要求。

（3）通过对减速器中某轴系部件的拆装与分析，了解轴上零件的定位方式、轴系与箱体的定位方式、轴承及其间隙调整方法、密封装置等；观察与分析轴的工艺结构。

（4）通过对不同类型减速器的分析比较，加深对机械零、部件结构设计的感性认识，为机械零、部件设计打下基础。

二、实验设备和工具

（1）拆装用各种典型齿轮减速器实物。
（2）观察、比较用减速器：单级直齿圆柱齿轮减速器，两级直齿圆柱齿轮减速器，锥齿轮减速器，蜗杆减速器，无级变速器。
（3）活动扳手、手锤、铜棒、钢直尺、铅丝、轴承拆卸器、游标卡尺、百分表及表架。
（4）煤油若干量、油盘若干只。

三、减速器的类型与结构

减速器是一种由封闭在箱体内的齿轮、蜗杆蜗轮等传动零件组成的传动装置，装在原动机和工作机之间用来改变轴的转速和转矩，以适应工作机的需要。由于减速器结构紧凑、传动效率高、使用维护方便，因而在工业中应用广泛。

减速器常见类型有以下三种：圆柱齿轮减速器、锥齿轮减速器和蜗杆减速器，分别如图3.15（a）、（b）、（c）所示。

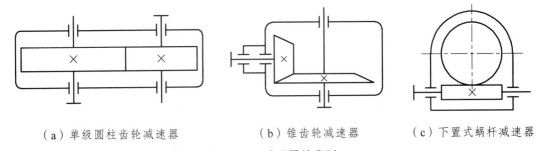

（a）单级圆柱齿轮减速器　　（b）锥齿轮减速器　　（c）下置式蜗杆减速器

图 3.15　减速器的类型

在圆柱齿轮减速器中，按齿轮传动级数可分为单级、两级和多级。蜗杆减速器又可分为蜗杆上置式和蜗杆下置式。

两级和两级以上的减速器的传动布置形式有展开式、分流式和同轴式三种形式，分别如图 3.16（a）、（b）、（c）所示。展开式用于载荷平稳的场合，分流式用于变载荷的场合，同轴式用于原动机与工作机同轴的特殊的工作场合。

减速器的结构随其类型和要求的不同而异，一般由齿轮、轴、轴承、箱体和附件等组成。图 3.17 为单级圆柱齿轮减速器的结构图。

箱体为剖分式结构，由箱盖和箱座组成，剖分面通过齿轮轴线平面。箱体应有足够的强度和刚度，除适当的壁厚外，还要在轴承座孔处设加强肋以增加支承刚度。

一般先将箱盖与箱座的剖分面加工平整，合拢后用螺栓联接并以定位销定位，找正后加工轴承孔。对支承同一轴的轴承孔应一次镗出。装配时，在剖分面上不允许用垫片，否则将不能保证轴承孔的圆度误差在允许范围内。

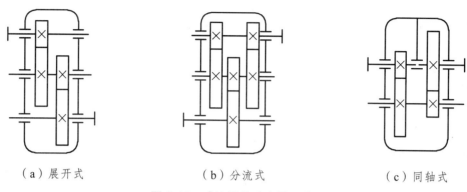

（a）展开式　　　　　（b）分流式　　　　　（c）同轴式

图 3.16　减速器传动布置形式

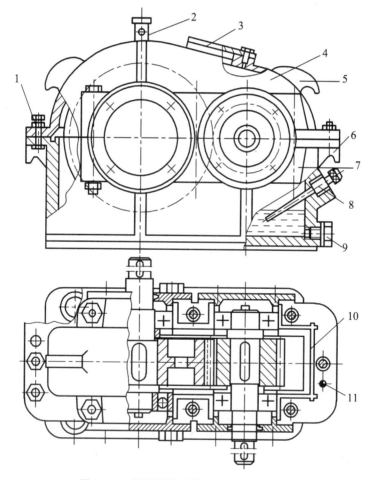

图 3.17　单级圆柱齿轮减速器的结构图

1—起盖螺钉；2—通气孔；3—视孔盖；4—箱盖；5—吊耳；6—吊钩；7—箱座；
8—油标尺；9—油塞；10—油沟；11—定位销

箱盖与箱座用一组螺栓联接。为保证轴承孔的联接刚度，轴承座安装螺栓处做出凸台，并使轴承座孔两侧联接螺栓尽量靠近轴承座孔。安装螺栓的凸台处应留有扳手空间。

为便于箱盖与箱座加工及安装定位，在剖分面的长度方向两端各有一个定位圆锥销。箱盖上设有窥视孔，以便观察齿轮或蜗杆蜗轮的啮合情况。窥视孔盖上装有通气器，使箱体内外气压平衡，否则易造成漏油。

为拆卸方便，箱盖上设有吊耳或吊环螺钉。为搬运整台减速器，在箱座上铸有吊钩。

箱座上设有油标尺用来检查箱内油池的油面高度。最低处有放油油塞，以便排净污油和清洗箱体内腔底部。箱座与基座用地脚螺栓联接，地脚螺栓孔端制成沉孔，并留出扳手空间。

四、减速器的润滑与密封

减速器的润滑主要指齿轮与轴承的润滑，其润滑方式及润滑剂的选择见课程设计指导书相关章节。

减速器需密封的部位很多，可根据不同的工作条件和使用要求选择不同的密封结构。轴伸出端的密封和轴承靠箱体内侧的密封见课程设计指导书相关章节。箱体接合面的密封通常于装配时在箱体接合面上涂密封胶或水玻璃。

五、实验步骤

（1）实验前应认真阅读教材及课程设计指导书中的有关内容，如滚动轴承组合设计、轴的结构设计等。

（2）在拆装减速器前，观察外形，判断减速器的类型；观察外部零件（如联接螺栓、通气器、定位销、起盖螺钉、油标、放油螺塞等）的类型、布置，了解其作用（特别是定位销的作用）。图3.18所示为单级圆柱齿轮减速器组成图。

（3）拆开上箱盖，观察传动系统，明确以下问题：

① 观察传动系统及其各零件的基本结构。

② 分析轴的结构特点，轴上零件在轴上的定位方式及其与轴的配合方式。

③ 观察并分析齿轮副（蜗轮副）的润滑方式。

④ 观察并检查齿侧间隙、轴向间隙、齿面接触状态，分析如何调整齿轮（蜗轮）的啮合状态。

⑤ 观察轴承组合结构。

⑥ 观察箱体分型面的结构与特点，观察并分析油沟的种类及作用。

⑦ 绘出传动系统的传动示意图。

⑧ 分析轴系零件的合理拆装顺序，进行传动系统的拆（装）。

（4）通过对轴承组合结构的分析，了解其结构特点，明确以下问题：

① 轴承的型号、受力状况，布置形式。

② 是否要调整轴承间隙，如何调整。

③ 轴承的润滑方式及所采用的润滑剂。

④ 轴承端盖的形式与结构。

⑤ 密封方式。

⑥ 绘出轴承组合结构示意图（轴应完整画出，其余安装在轴上的零件只要画出与轴相配合的部分结构）。

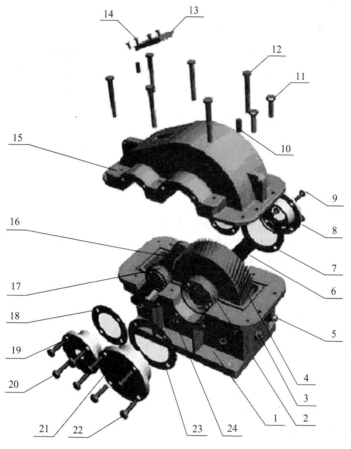

图 3.18 单级圆柱齿轮减速器组成图

1—箱体；2—轴承；3—放油螺塞；4—齿轮；5—油标；6—轴；7—垫片；8—端盖；9—螺钉；10—定位销；
11、12—螺栓；13—观察孔盖；14—螺钉；15—箱盖；16—齿轮轴；17—轴承；18—垫片；
19—端盖；20—螺钉；21—端盖；22—螺钉；23—垫片；24—螺帽

（5）分析比较减速器其他部分（如螺栓凸台及沉头座、吊钩或吊环、加强筋、观察孔、放油孔、油标孔等）的构造特点，用途及优缺点。

（6）分析减速器在结构、装拆、加工等工艺性方面的要求。

（7）通过对减速器结构的综合分析，了解在设计中易犯的错误，防止在设计中出现。

（8）测量侧隙 j_n：方法是在轮齿之间插入一截铅丝，其厚度稍大于估计的侧隙值，转动齿轮碾压轮齿间的铅片，铅片变形部份的厚度即为侧隙的大小，用游标卡尺或千分尺测量其大小。

（9）接触斑点的检测。选取一对齿轮副，仔细擦净齿轮轮齿，在主动轮的 3~4 个齿上均匀地涂上一层薄薄的涂料或红铅油，加以不大的阻力矩，用手转动后确定从动轮轮齿上的接触印痕分布情况。

齿长方向：接触痕迹的长度 b''（扣除超过模数值的断开部分 c）与工作长度 b' 之比，即

$$\frac{b''-c}{b'} \times 100\%$$

齿高方向：接触痕迹的平均高度 h'' 与工作高度 h' 之比，即

$$\frac{h''}{h'} \times 100\%$$

(10)轴承轴向间隙的测定与调整。固定好百分表,用手推动轴至一端,然后再推动至另一端,百分表上所指示的量值即是轴向间隙的大小。请检查是否符合规范要求,如不符合要求,增减轴承端盖处的垫片组进行调整(对嵌入式端盖用调整螺钉或调整环调整)。

(11)完成所有的测量项目后,将减速器复原。

六、注意事项

(1)拆装时要认真细致地观察,积极思考,不得大声喧哗,不得乱扔乱放,保持现场的安静与整洁。

(2)拆装时要爱护工具和零件,轻拿轻放,拆装时用力要适当以防止损坏零件。

(3)拆下的零件要妥善地按一定顺序放好,以免丢失、损坏,并便于装配。

(4)拆装时要注意安全,互相配合。

(5)实验结束后应把减速器按原样装好,点齐工具并交还指导老师后方可离开。

七、思考题

(1)轴上零件在轴上的定位方式及其与轴的配合方式有哪些?

(2)如何调整齿轮(蜗轮)的啮合状态?

(3)油沟的种类有哪些?作用有何不同?

(4)轴承端盖的形式与结构有哪些?与轴承的润滑方式间有何关系?

(5)试分析螺栓联接、通气器、定位销、起盖螺钉、油标、放油螺塞的作用。

(6)分析在设计时如何考虑结构工艺性、装拆工艺性、加工工艺性等工艺性方面的要求。

(7)密封方式有哪些?箱体结合面用什么方法密封?

(8)减速器箱体上有哪些附件?各起什么作用?分别安排在什么位置?

(9)测得的轴承轴向间隙如不符合要求,应如何调整?

(10)轴上安装齿轮的一端总要设计成轴肩(或轴环)结构,为什么此处不用轴套?

(11)扳手空间如何考虑?正确的扳手空间位置如何确定?

第五节　机械零件及结构认知实验

一、实验目的

(1)初步了解"机械设计"课程所研究的各种常用零件的结构、类型、特点及应用。

(2)了解各种标准零件的结构形式及相关的国家标准。

(3)了解各种传动的特点及应用。

(4)了解各种常用的润滑剂及相关的国家标准。

（5）增强对各种零部件的结构及机器的感性认识。

二、实验方法

学生们通过对实验指导书的学习及"机械零件陈列柜"中的各种零件的展示，实验教学人员的介绍，答疑及同学的观察去认识机器常用的基本零件，使理论与实际对应起来，从而增强同学们对机械零件的感性认识。并通过展示的机械设备、机器模型等，使学生们清楚知道机器的基本组成要素——机械零件。

（1）注意观察各种零件的种类、材料、用途、结构形式及加工方法。
（2）应特别注意观察各种零件的失效形式，分析零件的失效原因。
（3）观察各种机械是由哪些基本传动机构组成的；这些基本机构在机械中起什么作用。
（4）注意观察各种零部件在机械中的安装情况及相互关系，注意零部件的定位与固定。
（5）注意观察轴的支承方式；注意观察轴的安装位置是如何调整的、轴承是如何预紧的。
（6）注意机械的润滑和密封方式。
（7）注意观察机械的箱体结构及与其内部各零部件的关系。
（8）了解各种减速器的用途及结构形式，观察减速器内部零部件的传动情况。

三、实验内容

（一）螺纹联接

螺纹联接是利用螺纹零件工作的，主要用作紧固零件。基本要求是保证联接强度及联接可靠性，同学们应了解如下内容：

1. 螺纹的种类

常用的螺纹主要有普通螺纹、米制锥螺纹、管螺纹、梯形螺纹、矩形螺纹和锯齿螺纹。前三种主要用于联接，后三种主要用于传动。除矩形螺纹外，都已标准化。除管螺纹保留英制外，其余都采用米制螺纹。

2. 螺纹联接的基本类型

常用的有普通螺栓联接，双头螺柱联接、螺钉联接及紧定螺钉联接。除此之外，还有一些特殊结构联接。如专门用于将机座或机架固定在地基上的地脚螺栓联接，装在大型零部件的顶盖或机器外壳上便于起吊用的吊环螺钉联接及应用在设备中的T形槽螺栓联接等。

3. 螺纹联接的防松

防松的根本问题在于防止螺旋副在受载时发生相对转动。防松的方法，按其工作原理可分为摩擦防松、机械防松及铆冲防松等。摩擦防松简单、方便，但没有机械防松可靠。对重要联接，特别是在机器内部的不易检查的联接，应采用机械防松。常见的摩擦防松方法有对顶螺母，弹簧垫圈及自锁螺母等；机械防松方法有开口销与六角开槽螺母、止动垫圈及串联钢丝等；铆冲防松主要是将螺母拧紧后把螺栓末端伸出部分铆死，或利用冲头在螺栓末端与螺母的旋合处打冲，利用冲点防松。

4. 提高螺纹联接强度的措施

（1）受轴向变载荷的紧螺栓联接，一般是因疲劳而破坏。为了提高疲劳强度，减小螺栓的刚度，可适当增加螺栓长度，或采用腰状杆螺栓与空心螺栓。

（2）不论螺栓联接的结构如何，所受的拉力都是通过螺栓和螺母的螺纹牙相接触来传递的，由于螺栓和螺母的刚度与变形的性质不同，各圈螺纹牙上的受力也是不同的。为了改善螺纹牙上的载荷分布不均程度，常用悬置螺母或采用钢丝螺套来减小螺栓旋合段本来受力较大的几圈螺纹牙的受力面。

（3）为了提高螺纹联接强度，还应减小螺栓头和螺栓杆的过渡处所产生的应力集中。为了减小应力集中的程度，可采用较大的过渡圆角和卸载结构。在设计、制造和装配上应力求避免螺纹联接产生附加弯曲应力，以免降低螺栓强度。

（4）再就是采用合理的制造工艺方法，来提高螺栓的疲劳强度。如采用冷镦螺栓头部和滚压螺纹的工艺方法或用采用表面氮化、氰化、喷丸等处理工艺都是有效方法。

在掌握上述内容后，通过参观螺纹联接展柜，同学们应区分出：① 什么是普通螺纹、管螺纹、梯形螺纹和锯齿螺纹；② 能认识什么是普通螺纹、双头螺纹、螺钉及紧定螺钉联接；③ 能认识摩擦防松与机械防松的零件；④ 了解联接螺栓的光杆部分做得比较细的原因是什么等问题。

（二）标准联接零件

标准联接零件一般是由专业企业按国标（GB）成批生产，供应市场的零件。这类零件的结构形式和尺寸都已标准化，设计时可根据有关标准选用。通过实验学生们要能区分螺栓与螺钉；能了解各种标准化零件的结构特点，使用情况；了解各类零件有哪些标准代号，以提高学生们对标准化的意识。

1. 螺　　栓

一般是与螺母配合使用以联接被联接零件，无需在被联接的零件上加工螺纹，其联接结构简单，装拆方便，种类较多，应用最广泛。其国家标准有：GB5782~5786 六角头螺栓、GB31.1~31.3 六角头带孔螺栓、GB8 方头螺栓、GB27 六角头铰制孔用螺栓、GB37 T形槽用螺栓、GB799 地脚螺栓及 GB897~900 双头螺栓等。

2. 螺　　钉

螺钉联接不用螺母，而是紧定在被联接件之一的螺纹孔中，其结构与螺栓相同，但头部形状较多以适应不同装配要求。常用于结构紧凑场合。其国家标准有：GB65 开槽圆柱头螺钉；GB67 开槽盘头螺钉；GB68 开槽沉头螺钉；GB818 十字槽盘头螺钉；GB819 十字槽沉头螺钉；GB820 十字槽半沉头螺钉；GB70 内六角圆柱头螺钉；GB71 开槽锥端紧定螺钉；GB73 开槽平端紧定螺钉；GB74 开槽凹端紧定螺钉；GB75 开槽长圆柱端紧定螺钉；GB834 滚花高头螺钉；GB77~80 各种内六角紧定螺钉；GB83~86 各类方头紧定螺钉；GB845~847 各类十字自攻螺钉；GB5282～5284 各类开槽自攻螺钉；GB6560～6561 各类十字头自攻锁紧螺钉；GB825 吊环螺钉等。

3. 螺　母

螺母形式很多，按形状可分为六角螺母、四方螺母及圆螺母；按联接用途可分为普通螺母，锁紧螺母及悬置螺母等。应用最广泛的是六角螺母及普通螺母。其国家标准有：GB6170～6171、GB6175～6176 1型及2型 A、B 级六角螺母；GB41 1型 C 级螺母；GB6172A、B 级六角薄螺母；GB6173A、B 六角薄型细牙螺母；GB6178、GB6180 1、2型 A、B 级六角开槽螺母；GB9457、GB9458 1、2型，A、B 级六角开槽细牙螺母；GB56 六角厚螺母；GB6184 六角锁紧螺母；GB39 方螺母；GB806 滚花高螺母；GB923 盖形螺母；GB805 扣紧螺母；GB812、GB810 圆螺母及小圆螺母；GB62 蝶形螺母等。

4. 垫　圈

垫圈种类有平垫、弹簧垫及锁紧垫圈等。平垫圈主要用于保护被联接件的支承面，弹簧及锁紧垫圈主要用于摩擦和机械防松场合，其国家标准有：GB97.1～97.2、GB95～96、GB848、GB5287 各类大、小及特大平垫圈；GB852 工字钢用方斜垫圈；GB853 槽钢用方斜垫圈；GB861.1 及 GB862.1 内齿、外齿锁紧垫圈；GB93、GB7244、GB859 各种类弹簧垫圈；GB854～855 单耳、双耳止动垫圈；GB856 外舌止动垫圈；GB858 圆螺母止动垫圈。

5. 挡　圈

常用于轴端零件固定之用。其国家标准有：GB891～892 螺钉、螺栓紧固轴端挡圈；GB893.1～893.2A 型 B 型孔用弹性挡圈；GB894.1～894.2A 型 B 型轴用弹性挡圈；GB895.1～895.2 孔用、轴用钢丝挡圈；GB886 轴肩挡圈等。

（三）键、花键及销联接

1. 键联接

键是一种标准零件，通常用来实现轴与轮毂之间的周向固定以传递转矩，有的还能实现轴上零件的轴向固定或轴向滑动的导向。其主要类型有：平键联接、楔键联接和切向键联接。各类键使用的场合不同，键槽的加工工艺也不同。可根据键联接的结构特点，使用要求和工作条件来选择，键的尺寸则应符合标准规格并按强度要求来取定。其国家标准有：GB1096～1099 各类普通平键、导向键及各类半圆键；GB1563～1566 各类楔键、切向键及薄型平键等。

2. 花键联接

花键联接是由外花键和内花键组成。适用于定心精度要求高、载荷大或经常滑移的联接。花键联接的齿数、尺寸、配合等均按标准选取，可用于静联接或动联接。按其齿形可分为矩形花键（GB1144）和渐开线花键（GB3478.1），前一种由于多齿工作，承载能力高、对中性好、导向性好、齿根较浅、应力集中较小、轴与毂强度削弱小等优点，广泛应用在飞机、汽车、拖拉机、机床及农业机械传动装置中；渐开线花键联接，受载时齿上有径向力，能起到定心作用，使各齿受力均匀，强度、寿命长，主要用于载荷较大、定心精度要求较高以及尺寸较大的联接。

3. 销联接

销主要用来固定零件之间的相对位置时，称为定位销，它是组合加工和装配时的重要辅助零件；用于联接时，称为联接销，可传递不大的载荷；作为安全装置中的过载剪断元件时，称为安全销。

销有多种类型，如圆锥销、槽销、销轴和开口销等，这些均已标准化，主要国标代号有：GB119、GB20、GB878、GB879、GB117、GB118、GB881、GB877等。

各种销都有各自的特点，如：圆柱销多次拆装会降低定位精度和可靠性；锥销在受横向力时可以自锁，安装方便，定位精度高，多次拆装不影响定位精度等。

以上几种联接，可通过展柜参观，同学们要仔细观察其结构，使用场合，并能分清和认识以上各类零件。

（四）机械传动

机械传动有螺旋传动、带传动、链传动、齿传动及蜗杆传动等。各种传动都有不同的特点和使用范围，这些传动知识在"机械设计"课程中都要详细讲授。在这里主要通过实物观察，增加同学们对各种机械传动知识的感性认识，为今后理论学习及课程设计打下良好基础。

1. 螺旋传动

螺旋传动是利用螺纹零件工作的，作为传动件要求保证螺旋副的传动精度、效率和磨损寿命等。其螺纹种类有矩形螺纹、梯形螺纹、锯齿螺纹等。按其用途可分传力螺旋、传导螺旋及调整螺旋三种；按摩擦性质不同可分为滑动螺旋、滚动螺旋及静压螺旋等。

滑动螺旋常为半干摩擦，摩擦阻力大、传动效率低（一般为30%～60%）；但其结构简单，加工方便，易于自锁，运转平稳，但在低速时可能出现爬行；其螺纹有侧向间隙，反向时有空行程，定位精度和轴向刚度较差，要提高精度必须采用消隙机构，磨损快。滑动螺旋应用于传力或调整螺旋时，要求自锁，常采用单线螺纹；用于传导时，为了提高传动效率及直线运动速度，常采用多线螺纹（线数 $n = 3 \sim 4$）。滑动螺旋主要应用于金属切削机床进给，分度机构的传导螺纹，摩擦压力机及千斤顶的传动。

滚动螺旋因螺旋中含有滚珠或滚子，具有传动时摩擦阻力小，传动效率高（一般在90%以上），起动力矩小，传动灵活，工作寿命长等优点，但结构复杂，制造较难；滚动螺旋具有传动可逆性（可以把旋转动变为直线运动，也可把直线运动变成旋转动），为了避免螺旋副受载时逆转，应设置防止逆转的机构；其运转平稳，起动时无颤动，低速时不爬行；螺母与螺杆经调整预紧后，可得到很高的定位精度（6 μm/0.3 m）和重复定位精度（可达 1～2 μm），并可提高轴的刚度；其工作寿命长、不易发生故障，但抗冲击性能较差。主要用在金属切削精密机床和数控机床、测试机械、仪表的传导螺旋和调整螺旋及起重、升降机构和汽车、拖拉机转向机构的传力螺旋；飞机、导弹、船舶、铁路等自控系统的传导和传力螺旋上。

静压螺旋是为了降低螺旋传动的摩擦，提高传动效率，并增强螺旋传动的刚性和抗振性能，将静压原理应用于螺旋传动中，制成静压螺旋。因为静压螺旋是液体摩擦，摩擦阻力小，传动效率高（可达99%），但螺母结构复杂；其具有传动的可逆性，必要时应设置防止逆转的机构；工作稳定，无爬行现象；反向时无空行程，定位精度高，并有较高轴向刚度；磨损小及寿命长。使用时需要一套压力稳定、温度恒定、有精滤装置的供油系统。主要用于精密机床进给，分度机构的传导螺旋。

2. 带传动

带传动是带被张紧（预紧力）而压在两个带轮上，主动轮带轮通过摩擦带动带以后，再通过摩擦带动从动带轮转动。它具有传动中心距大、结构简单、超载打滑（减速）等特点。常有平带传动、V形带传动、多楔带及同步带传动等。

平带传动结构最简单，带轮容易制造。在传动中心距较大的情况下应用较多。

V形带为一整圈，无接缝，故质量均匀，在同样张紧力下，V形带较平带传动能产生更大的摩擦力，再加上传动比较大、结构紧凑，并标准化生产，因而应用广泛。

多楔带传动兼有平带和V形带传动的优点，柔性好、摩擦力大、能传递的功率大，并能解决多根V形带长短不一使各带受力不均匀的问题。主要用于传递功率较大而结构要求紧凑的场合，传动比可达10，带速可达40 m/s。

同步带是沿纵向制有很多齿，带轮轮面也制有相应齿，它是靠齿的啮合进行传动，可使带与轮的速度一致等特点。

3. 链传动

链传动是由主动链轮齿带动链以后，又通过链带动从动链轮，属于带有中间挠性件的啮合传动。与属于摩擦传动的带传动相比，链传动无弹性滑动和打滑现象，能保持准确的平均传动比，传动效率高。按用途不同可分为传动链传动、输送链传动和起重链传动。输送链和起重链主要用在运输和起重机械中，而在一般机械传动中，常用传动链。

传动链有短节距精密滚子链（简称滚子链），齿形链等。

在滚子链中为使传动平稳，结构紧凑，宜选用小节距单排链，当速度高、功率大时则选用小节距多排链。

齿形链又称无声链，它是由一级带有两个齿的链板左右交错并列铰链而成。齿形链设有导板，以防止链条在工作时发生侧向窜动。与滚子链相比，齿形链传动平稳、无噪声、承受冲击性能好、工作可靠。

链轮是链传动的主要零件，链轮齿形已标准化（GB1244、GB10855），链轮设计主要是确定其结构尺寸，选择材料及热处理方法等。

4. 齿轮传动

齿轮传动是机械传动中最重要的传动之一，形式多、应用广泛。其主要特点是：效率高、结构紧凑、工作可靠、传动比稳定等。可做成开式、半开式及封闭式传动。失效形式主要有轮齿折断、齿面点蚀、齿面磨损、齿面胶合及塑性变形等。

常用的渐开线齿轮传动有直齿圆柱齿轮传动、斜齿圆柱齿轮传动、标准锥齿齿轮传动、圆弧齿圆柱齿传动等。齿轮传动啮合方式有内啮合、外啮合、齿轮与齿条啮合等。参观时一定要了解各种齿轮特征，主要参数的名称及几种失效形式的主要特征，使实验在真正意义上与理论教学产生互补作用。

5. 蜗杆传动

蜗杆传动是在空间交错的两轴间传递运动和动力的一种传动机构，两轴线交错的夹角可为任意角，常用的为 90°。

蜗杆传动有下述特点：当使用单头蜗杆（相当于单线螺纹）时，蜗杆旋转一周，蜗轮只转过一个齿距，因此能实现大传动比。在动力传动中，一般传动比 $i = 5 \sim 80$；在分度机构或手动机构的传动中，传动比可达 300；若只传递运动，传动比可达 1 000。由于传动比大，零件数目又少，因而结构很紧凑。在传动中，蜗杆齿是连续不断的螺旋齿，与蜗轮啮合是逐渐进入与逐渐退出，故冲击载荷小，传动平衡，噪声低；但当蜗杆的螺旋线升角小于啮合面的当量摩擦角时，蜗杆传动便具有自锁；再就是蜗杆传动与螺旋传动相似，在啮合处有相对滑动，当速度很大，工作条件不够良好时会产生严重摩擦与磨损，引起发热，摩擦损失较大，效率低。

根据蜗杆形状不同，分为圆柱蜗杆传动，环面蜗杆传动和锥面蜗杆传动。通过实验同学们应了解蜗杆传动结构及蜗杆减速器的种类和形式。

（五）轴系零、部件

1. 轴　承

轴承是现代机器中广泛应用的部件之一。轴承根据摩擦性质不同分为滚动轴承和滑动轴承两大类。滚动轴承由于摩擦系数小，起动阻力小，而且它已标准化（标准代号有：GB/T281、GB/T276、GB/T288、GB/T292、GB/T285、GB/T5801、GB/T297、GB/T301 及 GB/T4663、GB/T5859 等），选用、润滑、维护都很方便，因此在一般机器中应用较广。滑动轴承按其承受载荷方向的不同分为径向滑动轴承和止推轴承；按润滑表面状态不同又可分为液体润滑轴承、不完全液体润滑轴承及无润滑轴承（指工作时不加润滑剂）；根据液体润滑承载机理不同，又可分为液体动力润滑轴承（简称液体动压轴承）和液体静压润滑轴承（简称液体静压轴承）。

轴承理论课程将详细讲授机理、结构、材料等，并且还有实验与之相配合，这次实验同学们主要要了解各类、各种轴承的结构及特征，扩大自己的眼界。

2. 轴

轴是组成机器的主要零件之一。一切作回转运动的传动零件（如齿轮、蜗轮等），都必须安装在轴上才能进行运动及动力的传递。轴的主要功用是支承回转零件及传递运动和动力。

按承受载荷的不同，可分为转轴、心轴和传动轴三类；按轴线形状不同，可分为曲轴和直轴两大类，直轴又可分为光轴和阶梯轴。光轴形状简单，加工容易，应力集中源少，但轴上的零件不易装配及定位；阶梯轴正好与光轴相反。所以光轴主要用于心轴和传动轴，阶梯轴则常用于转轴；此外，还有一种钢丝软轴（挠性轴），它可以把回转运动灵活地传到不开敞的空间位置。

轴的失效形式主要是疲劳断裂和磨损。防止失效的措施是：从结构设计上力求降低应力集中（如减小直径差，加大过渡圆半径等，可详看实物），再就是提高轴的表面品质，包括降低轴的表面粗糙度，对轴进行热处理或表面强化处理等。

轴上零件的固定，主要是轴向和周向固定。轴向固定可采用轴肩、轴环、套筒、挡圈、圆锥面、圆螺母、轴端挡圈、轴端挡板、弹簧挡圈、紧定螺钉方式；周向固定可采用平键、楔键、切向键、花键、圆柱销、圆锥销及过盈配合等联接方式。

轴看似简单，但轴的知识、内容都比较丰富，完全掌握很不容易。只有通过理论学习及实践知识的积累（多看、多观察）逐步掌握。

（六）弹　簧

弹簧是一种弹性元件，它可以在载荷作用下产生较大的弹性变形。在各类机械中应用十分广泛。主要应用于：

（1）控制机构的运动，如制动器、离合器中的控制弹簧，内燃机气缸的阀门弹簧等。
（2）减振和缓冲，如汽车、火车车厢下的减振弹簧，及各种缓冲器用的弹簧等。
（3）储存及输出能量，如钟表弹簧，枪内弹簧等。
（4）测量力的大小，如测力器和弹簧秤中的弹簧等。

弹簧的种类比较多，按承受的载荷不同可分为拉伸弹簧、压缩弹簧、扭转弹簧及弯曲弹簧四种；按形状不同又可分为螺旋弹簧、环形弹簧、碟形弹簧、板簧和平面涡卷弹簧等，观看时要看清各种弹簧的结构、材料，并能与名称对应起来。

（七）润滑剂及密封

1. 润滑剂

在摩擦面间加入润滑剂不仅可以降低摩擦，减轻磨损，保护零件免遭锈蚀，而且在采用循环润滑时还能起到散热降温的作用。由于液体的不可压缩性，润滑油膜还具有缓冲、吸振的能力。使用膏状润滑脂，既可防止内部的润滑剂外泄，又可阻止外部杂质侵入，避免加剧零件的磨损，起到密封作用。

润滑剂可分为气体、液体、半固体和固体四种基本类型。在液体润滑剂中应用最广泛的是润滑油，包括矿物油、动植物油、合成油和各种乳剂。半固体润滑剂主要是指各种润滑脂，它是润滑油和稠化剂的稳定混合物。固体润滑剂是任何可以形成固体膜以减少摩擦阻力的物质，如石墨、三硫化钼、聚四氟乙烯等。任何气体都可作为气体润滑剂，其中用得最多的是空气，主要用在气体轴承中。各类润滑剂的润滑原理、性能在授课中都会讲授。液体、半固体润滑剂，在生产中其成分及各种分类（品种）都是严格按照国家有关标准进行生产。学生们不但要了解展柜中展出的油剂、脂剂各种实物，润滑方法与润滑装置，还应了解相关国家标准，如润滑油的黏度等级 GB3141 标准；石油产品及润滑剂的总分类 GB498 标准；润滑剂 GB7631.1~7631.8 标准等。国家标准中油剂共有 20 大组类、70 余个品种，脂剂有 14 个种类品种等。

2. 密　封

机器在运转过程中及气动、液压传动中需润滑剂、气、油润滑、冷却、传力保压等，在零件的接合面、轴的伸出端等处容易产生油、脂、水、气等渗漏。为了防止这些渗漏，在这些地方常要采用一些密封的措施。但密封方法和类型很多。如填料密封、机械密封、O形圈密封、迷宫式密封、离心密封、螺旋密封等。这些密封广泛应用在泵、水轮机、阀、压气机、轴承、活塞等部件的密封中。学生们在参观时应认清各类密封零件及应用场合。

四、思考题

（1）V带、平带和齿形带传动各有什么特点？它们各自用于何种场合？有哪些张紧方法？特点如何？

（2）窄V带与同厚度的普通V带相比其宽度较小而承载能力较大，为什么？

（3）齿轮的传动特点及传动形式有哪些？

（4）齿轮的失效形式有哪些？

（5）为什么蜗杆多为蜗杆轴的结构形式，而蜗轮多为组合结构形式？

（6）与齿轮传动相比，蜗杆传动的失效形式有什么特点？

（7）为什么两配对齿轮都可用钢制造，而蜗杆、蜗轮却不能都用钢制造？

（8）为什么齿轮多为整体式而蜗轮除用铸铁制造外常用组合式，组合时蜗轮轮芯与轮缘材料是否相同？采用什么方法将两者可靠地联接成一体？

（9）在蜗杆传动中，为什么只有当蜗轮主动时才会产生自锁，而蜗杆主动时，则不会发生自锁？

（10）无级变速器有哪些形式？

（11）心轴、转轴、传动轴的受载特点是什么？受载截面上的应力分布如何？

（12）用间隔环有什么好处？

（13）相同直径的空心轴与实心轴比较，其刚度是增加了还是降低了？为什么？

（14）判断自行车轴、汽车传动轴、行车传动轴、钻床主轴、火车轮轴、减速器轴各属于什么类型的轴。

（15）刚性可移式联轴器依靠什么补偿两轴位置偏斜？弹性可移式联轴器依靠什么补偿两轴位置偏斜和吸振缓冲？

（16）各种联轴器传递载荷的主要元件是哪些？

（17）牙嵌式离合器从动端为满足轴向位置，结构上如何考虑？

（18）多盘式摩擦离合器的盘数越多越好吗？

（19）内圈和外圈上为什么要做出滚道？轴承中若无保持架将会发生什么现象？

（20）当转动套圈的转速相同时，内圈转或外圈转时保持架转速是否相同，为什么？

（21）一般情况下球轴承比滚子轴承的极限转速高而承载能力却比滚子轴承低，为什么？

（22）哪些类型的轴承可以自动调心？为什么能自动调心？

（23）推力轴承两座圈孔径是否相同？哪个装在轴上？哪个放在座孔内？它为什么不能承受径向载荷？为什么不宜用于高速？

（24）轴承内圈与轴之间，轴承外圈与孔之间为什么不用键联接？

（25）径向迷宫式、轴向迷宫式、油槽间隙式、甩油环式密封装置为什么能起密封作用？

（26）剖分式滑动轴承的剖分面上做有台阶，为什么？

（27）轴瓦在轴承孔中必须轴向、周向定位，为什么？又如何做到轴向及周向定位？
（28）轴瓦上为什么要开油沟？轴向油沟沿轴向不允许开通，为什么？对非液体摩擦滑动轴承和液体摩擦滑动轴承开油沟的位置是否有区别，为什么？
（29）滑动轴承进油孔开在何处较好？
（30）在流体动压原理模型中，观察在同一楔角下当轴分别处于"慢"、"快"转动时，玻璃管中的油柱有无高低形状的变化，为什么？
（31）发电机组的汽轮机发电机各轴承都用流体动压润滑滑动轴承，为什么？
（32）轧钢机械所用滑动轴承属于非液体摩擦还是液体摩擦滑动轴承，为什么？
（33）自动调心式滑动轴承与"1"类、"2"类滚动轴承比较有何相同与不同之处？
（34）减速器中，齿轮或蜗轮是否可用于飞溅润滑？其中轴承又用什么方式进行润滑？
（35）油环是如何套在轴上的，相应的轴套（或轴瓦）应制成何种结构？
（36）为什么被联接件上常做有凸台或鱼眼坑？扳手空间指的是什么？
（37）为什么要防松？常见的防松原理及防松装置有哪些？
（38）普通螺纹联接中，当受有横向载荷时，可采用哪些卸载方式？
（39）平键联接和花键联接工作时，力是如何从轮毂传递给轴的？在平键和花键哪些部位产生应力，是什么应力？
（40）为什么说花键联接的对中性好，承载能力大？花键联接起导向作用吗？
（41）哪一种键联接对轴的削弱最大？
（42）设计焊缝时要考虑哪些因素？
（43）铆接与螺纹联接相比，有哪些相似与不同之处？
（44）弹簧按受载不同可分为哪几种？按形状不同又可分为哪几种？
（45）弹簧的功用可归纳为哪几种？各适用于哪几种弹簧？

第六节　复杂轴系拆装及结构分析实验

一、实验目的

（1）熟悉并掌握轴、轴上零件的结构形状及功用、工艺要求和装配关系。
（2）熟悉并掌握轴、轴上零件的定位与固定方法。
（3）熟悉并掌握轴系结构设计中有关轴的结构设计、滚动轴承组合设计的基本方法。
（4）了解轴承的类型、布置、安装及调整方法，以及润滑和密封方式。

二、实验方法

（一）实验原理

（1）同学们可根据表 3.1 选择性安排实验内容。

表 3.1 轴系结构选择

实验题号	已知条件				
	齿轮类型	载荷	转速	其他条件	示意图
1	小直齿轮	轻	低		
2		中	高		60　60　70
3	大直齿轮	中	低		
4		重	中		
5	小斜齿轮	轻	中		
6		中	高		60　60　70
7	大斜齿轮	中	中		
8		重	低		
9	小锥齿轮	轻	低	锥齿轮轴	
10		中	高	锥齿轮与轴分开	70　82　30
11	蜗杆	轻	低	发热量小	
12		重	中	发热量大	l

（2）同学们也可以按照实验箱中提供的可选方案（共 20 种方案）进行实验。

（3）同学们还可以自己拟定轴系结构设计方案，利用提供的器材进行设计。

（4）实验设备：

JZ 型组合式轴系结构设计实验箱（一台）。

实验箱提供能进行组成圆柱齿轮轴系、小圆锥齿轮轴系和蜗杆轴系三类轴系结构设计的成套零件。

螺丝刀、活扳手、钢板尺、卡尺（一套）。

内外卡钳、铅笔、三角板、纸、笔等（自备）。

（二）实验方法

每组学生（2~3 人）根据实验题号的要求，进行轴系结构设计，解决轴承类型选择、轴上零件定位固定，轴承安装与调节、润滑及密封等问题。

（三）预习要求

（1）复习轴系结构设计的有关内容。

（2）实验前应当绘制出所选轴系结构的方案草图（主要注意轴上零件的固定、拆装、轴承间隙的调整、密封、润滑和轴的结构工艺性，同时应当标注出每段轴的直径和长度）。

（四）注意事项

（1）为了安全起见，在进行实验时将实验箱放置牢固，防止砸伤碰伤。

（2）实验完成后，请将所有测量用器件清点并放置于实验桌上。
（3）请不要用工具进行敲打，防止损坏测绘器材。
（4）实验完成时，应将所有的零件按规定放回箱内、排列整齐。

三、实验内容

（1）明确实验内容，理解设计要求。
（2）复习有关轴的结构设计与轴承组合设计的内容与方法（参看教材有关章节）。
（3）构思轴系结构方案。
① 根据齿轮类型选择滚动轴承型号。
② 确定支承轴向固定方式（两端单向固定；一端双向固定、一端游动）。
③ 根据齿轮圆周速度（高、中、低）确定轴承润滑方式（脂润滑、油润滑）。
④ 选择端盖形式（凸缘式、嵌入式）并考虑透盖处密封方式（毡圈、皮碗、油沟）。
⑤ 考虑轴上零件的定位与固定，轴承间隙调整等问题。
⑥ 绘制轴系结构方案示意图。
（4）组装轴系部件。
根据轴系结构方案，从实验箱中选取合适零件并组装成轴系部件，检查所设计组装的轴系结构是否正确。合理的轴系结构应当满足如下要求：
① 轴上零件拆装方便，加工工艺性良好。
② 轴上零件固定可靠。
③ 轴承固定方式符合给定的设计条件，轴承间隙调整方便。
④ 锥齿轮轴系应能作径向调整。
（5）绘制轴系结构草图。
（6）测量零件结构尺寸（支座不用测量），并做好记录。
（7）将所有零件放入实验箱内的规定位置，交还所借工具。
（8）根据结构草图及测量数据，在3号图纸上用1∶1比例绘制轴系结构装配图，要求装配关系表达正确，注明必要尺寸（如支承跨距、齿轮直径与宽度、主要配合尺寸），填写标题栏和明细表。
（9）写出实验报告。

四、实验思考题

（1）轴上零件在轴上的定位方式及其与轴的配合方式有哪些？
（2）分析在设计时如何考虑结构工艺性，装拆工艺性，加工工艺性等工艺性方面的要求？
（3）叙述绘出的复杂轴系轴上零件的装配次序？
（4）绘出的轴系、轴承配置方法是哪一种？为什么采用这种方法？
（5）绘出的复杂轴系上轴承盖有什么作用？
（6）绘出的复杂轴系轴上零件采用什么方法进行周向固定和轴向固定？

第七节　液体动压润滑向心滑动轴承实验

一、实验目的

（1）观察滑动轴承的液体摩擦现象。
（2）观察向心滑动轴承液体动压润滑的形成过程和摩擦状态。
（3）观察载荷和转速改变时油膜压力的变化情况或油膜厚度。
（4）测定和绘制径向滑动轴承周向油膜压力分布曲线。
（5）测定向心滑动轴承轴向油膜压力分布情况并绘制轴向油膜压力分布曲线。
（6）了解向心滑动轴承的摩擦系数 f 的测量方法和摩擦特性曲线的绘制方法。
（7）计算实测端泄对轴承轴向压力分布的影响系数值 K。
（8）按油膜压力分布曲线求油膜的承载能力。
（9）了解摩擦系数、比压与滑动速度之间的关系。

二、实验要求

（1）熟悉液体动压润滑向心滑动轴承实验台的结构与功能。
（2）绘制周向油膜压力分布曲线。
（3）绘制轴向油膜压力分布曲线。
（4）测量轴承与转轴间隙中的油膜在轴线方向的压力分布值，并验证轴向压力分布曲线呈抛物线分布，即轴向油膜最大压力值在轴承宽度的中间位置。
（5）测量径向液体动压滑动轴承在不同转速、不同载荷、不同黏度润滑油情况下的摩擦系数 f 值。

三、实验装置及其工作原理

（一）实验装置主要参数

（1）实验台型号：YZC-B 智能型液体滑动轴承实验台（见图 3.19）。
（2）试验轴承：轴承内径 $D=65$ mm；有效宽度 $B=167$ mm；粗糙度 $R_a=1.6$；材料 ZCnSn5P65Zn5（ZQSn6-6-3）。
（3）主轴：　直径 $d=65$ mm；材料 40Cr；HRC48~50。
（4）加载范围：0~700 N。
（5）测力杆上测力点距轴承中心距离：$L=98$ mm。
（6）测力计（百分表）刚度标定值：$K=0.098$ N/格。
（7）百分表精度：0.01 mm，量程 0~5 mm。
（8）压力传感器量程：0.6 MPa，精度：0.3%FS。
（9）润滑油动力黏度：0.34 Pa·s（68 号机油，20 ℃）。
（10）电机功率：355 W。

图 3.19 智能型液体滑动轴承实验台

(11) 调速范围：0～1 500 r/min。

(二) 实验台结构

1. 传动装置

实验台传动装置结构如图 3.20 所示，直流电动机 1 上装有一个小带轮，主轴 4 上装有一个大带轮，通过 V 带 2 驱动主轴沿顺时针方向转动，由无级调速器实现直流电机的无级调速。在主轴大带轮侧面装有一个红外线测速装置，轴的转速由实验台前面板上的转速数码管直接读出。

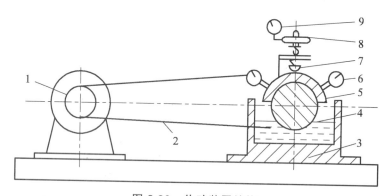

图 3.20 传动装置结构

1—直流电机；2—V 型带；3—箱体；4—主轴；5—轴瓦；6—压力表；7—加载装置；8—弹簧片；9—测力计

2. 油膜压力测量装置

实验台测量装置结构如图 3.21 所示，主轴的两端分别装有一个滚动轴承，滚动轴承安装在箱体两端的轴承座孔内，支承主轴转动。主轴的下半部浸泡在润滑油中，当主轴转动时可以把油带入主轴与轴承的间隙中而形成油膜。滑动轴承的轴瓦包角 180°，在轴承圆周 120° 范围内均匀分布着 7 个小通孔，与轴和轴承之间的间隙连通，在 7 个小孔中装有空心管，当轴与轴承间隙中的润滑油形成一定压力后,油可以在空心管中流动。

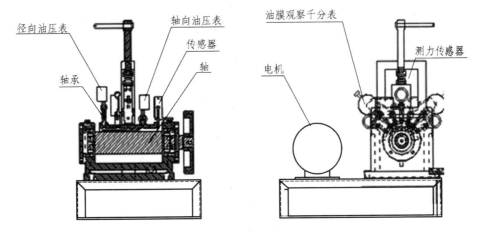

图 3.21　测量装置结构

在空心管的端部分别装有 7 只压力传感器,用来测量出圆周方向 7 个位置的油压分布值。装在轴承宽度 $B/4$ 处的第 8 只传感器,与前 7 只结构相同,测定轴向压力分布值。

滑动轴承连同轴承上装的 8 只压力传感器以及测力杆一起安装在主轴的上半部(悬浮式安装,见图 3.21)。随着主轴转速的提高,轴与轴承间隙中的油膜压力越来越大,这时,通过装在轴承上的 8 只传感器,可以直接观测滑动轴承在圆周方向和轴线方向的油膜压力分布值,以及油膜压力随主轴变化的情况。

3. 加载装置

油膜的径向压力分布曲线是在一定的载荷和一定的转速下绘制的。当载荷改变或主轴转速改变时所测量出的压力值是不同的,所绘出的压力分布曲线的形状也是不同的。转速的改变方法是由无级调速器实现,载荷的改变方法是由螺旋加载装置实现(见图 3.20)。在实验台的箱体上装有一套螺旋装置和一个压力传感器,转动螺旋杆,压紧传感器,力通过传感器作用在滑动轴承上。改变螺旋杆的转动方向,即可改变载荷的大小,所加载荷之值通过传感器数字显示,直接在实验台前面板上读出。这种加载方式的主要优点是结构简单、可靠,使用方便,载荷的大小可任意调节。但在起动电动机之前,一定要使滑动轴承处在零载荷状态,以免烧坏轴瓦。

4. 摩擦系数 f 的测量装置

径向滑动轴承的摩擦系数 f 随轴承的特性系数 $\eta n/p$ 值的改变而改变(η 为润滑油的动力黏度,n 为主轴转速,p 为压强,$p=F_r/BD$,F_r 为轴承上所受载荷,B 为轴瓦宽度,D 为轴承直径)。在边界摩擦时,f 随 $\eta n/p$ 的增大而增大,进入混合摩擦后,随 $\eta n/p$ 的增大,f 值急剧下降,在刚形成液体摩擦时 f 达到最小值,此后,随 $\eta n/p$ 的增大油膜厚度也随之增大,f 值也有所回升。

摩擦系数 f 值可通过测量轴承的摩擦力矩而得到。当主轴转动时,轴对轴承产生周向摩擦力 F,其摩擦力矩为 $F \times d/2$(d 为轴的直径)。由于轴承是悬浮式安装,该力矩可使轴承随轴翻转。因此,在轴承径向方向装有一个测力杆,在实验台机架上装有一块弹簧挡板,在弹簧挡板的另一侧装有一个测力计（百分表）。当轴承欲随轴翻转时，测力杆被弹簧挡板顶住，使轴承不能随轴翻转，保持径向平衡位置。这时，在测力杆作用下，弹簧挡板产生变形，其变形量 Δ 值由测力计测量。变形量 Δ 值在测力计上显示的是转动的格数，已知测力计每转动一格，需 0.098N 的作用力（测力计的标定刚度系数 K = 0.098 N/格），设测力杆上 A 点为测力点，则该点的作用力 $Q = K\Delta$。摩擦系数 f 值求解过程如下：

已知测力杆上测力点 A 点距轴承中心线距离 L = 98 mm，作用给轴承的平衡力矩为

$$M = LQ = LK\Delta$$

根据力矩平衡条件得　　　$F \times d/2 = LK\Delta$

又根据摩擦力 $F = fF_r$（F_r 为轴承所受外载荷）。把力矩平衡条件公式代入摩擦力计算公式得

$$F = 2LK\Delta / F_r d$$

由整理后的摩擦系数计算公式，可求出不同载荷、不同转速下的摩擦系数 f 值，根据取得的一系列 f 值，可以做出滑动轴承的摩擦特性曲线，进而分析液体动压的形成过程，并找出非液体摩擦到液体摩擦的临界点，以便确定一定载荷、一定黏度润滑油情况下形成液体动压的最低转速，或一定转速、一定黏度润滑油情况下保证液体动压状态的最大载荷。

5. 摩擦状态指示装置

图 3.22 所示为摩擦状态指示灯电路，将轴与轴瓦串联在指示灯电路中，当轴与轴瓦之间被润滑油完全分开，即处于液体摩擦状态时，指示灯熄灭，当轴与轴瓦之间为非液体摩擦状态（干摩擦或半干摩擦状态）时，指示灯亮或闪动。

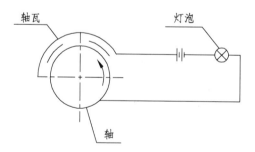

图 3.22　摩擦状态指示装置

四、实验原理及方法

（一）观察滑动轴承的液体摩擦现象

在启动主轴时，一定要慢慢加速。因为此时轴承与主轴之间没有油膜，如果加速太快，容易烧坏轴瓦。为此，该实验台人为地设计了轴承保护电路，当没有油膜时，油膜指示灯亮，在形成油膜后，正常工作时油膜指示灯灭。根据油膜指示灯装置，也可以观察液体动压润滑的形成过程和摩擦状态。

（二）测油膜压力分布曲线

1. 周向压力分布曲线

运转几分钟待各压力表稳定后，从左至右依次记录 7 只压力表和轴向压力表的读数。根据测得的油膜压力，以一定的比例尺在坐标纸上绘制油膜压力分布曲线（见图 3.23）。以轴承内径 d 为直径画一圆，将半圆周分为 8 等分，定出七块压力表的孔位 1，2，…，7，由圆心 0 过 1，2，…，7 诸点引射线，沿径向画出向量 1-1′，2-2′，…，7-7′，其大小等于相应各点的压力值（按比例），用曲线板将 1′，2′，…，7′诸点连成圆滑曲线，该曲线就是轴承中间剖面处油膜压力分布曲线。

由油膜压力周向分布曲线可求得轴承中间剖面上的平均压力。如图 3.23 所示，将圆周上各点 1、2，…，7 投影到一水平直线上，在相同的垂线上标出对应的压力值，再将端点 1′，2′，…，7′连成一光滑曲线，求出此曲线所包围的面积，再取 p_m 使其所围矩形面积与所求得的面积相等，此 p_m 即为轴承中间剖面上的平均压力。

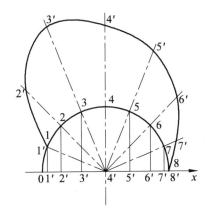

图 3.23　周向油膜压力分布曲线

2. 油膜承载能力（绘制轴向压力分布曲线）

根据油膜压力分布曲线，在坐标纸上绘制油膜承载能力曲线（见图 3.24）。将图 3.23 中的 1，2，…，7 各点在 OX 轴上的投影定为 1″，2″，…，7″。

在图 3.24 上用与图 3.23 相同的比例尺，画出直径线 0—8，在其上绘出 1″，2″，…，7″各点，其位置与图 3.23 完全相同。在直径线 0—8 的垂直方向上画出压力向量 1″-1′，2″-2′，…，7″-7′，使其分别等于图 3.23 中的 1-1′，2-2′，…，7-7′，将 1′，2′，…，7′等诸点连成圆滑曲线。

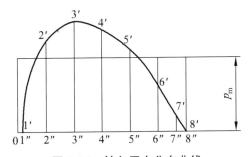

图 3.24　轴向压力分布曲线

用数格法计算曲线所围的面积，以 0—8 线为底边作一矩形，使其面积与曲线所围的面积相等，其高 p_m 即为轴瓦中间剖面处的 Y 向平均比压。

将 p_m 乘以轴承长度和轴的直径，即可得到不考虑端面泄漏的有限宽轴承的油膜承载能力。但是，由于端泄的影响，在轴承两端处比压为 0。如果轴与轴瓦沿轴向间隙相等，则其比压沿轴向呈抛物线分布（见图 3.25）。

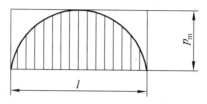

图 3.25 轴承比压沿轴向分布曲线

可以证明，抛物线下面积与矩形面积之比 $K = 2/3$，K 为轴承沿轴向压力分布不均匀系数。则：油膜承载能力

$$F = K \cdot p_m \cdot d \cdot l$$

3. 求实测 K 值

K 为端泄对油膜轴向压力分布不均匀的影响系数，按下式计算：

$$K = \frac{F}{p_m \cdot l \cdot d}$$

式中　F——承载量；
　　　p_m——轴承中间剖面上的平均压力；
　　　l——轴承的有效长度；
　　　d——轴承的直径。

4. 摩擦特性曲线

滑动轴承的摩擦系数 f 是润滑油黏度 μ，轴的转速 n，轴承比压 p 的函数。$\mu n/p$ 的值称为滑动轴承的特性系数，其最小值是液体摩擦和非液体摩擦的区分点。计算出不同比压及转速下的摩擦系数 f，根据计算所得的 f、λ 值绘制轴承特性曲线（λ 为横坐标，f 为纵坐标，该实验台可直接读出 f、λ 的数值，因此，可不必计算该项数值）。

摩擦系数 f：

$$f = \frac{GL}{Fd/2} = 5\frac{G}{F}$$

式中　G——拉力计读数；
　　　F——载荷；
　　　L——力臂（测力杆吊环到轴承中心的距离）；
　　　d——轴承直径。

轴承特性系数 λ：

$$\lambda = \frac{\mu n}{p}$$

式中　n ——转速，r/min；

　　　p ——轴承比压，N/mm^2；$p = F/d \cdot l$；

　　　μ ——润滑油黏度 Pa·s，其值可通过实测加载油回油油温作为进油温度 $t_{进}$，查图得到平均油温 t_m，再据 t_m 由图查得。

五、实验操作步骤及方法

（1）打开实验台电源开关，开启计算机，进入实验台的封面。

（2）在封面上单击"进入"文字区，进入滑动轴承实验简介界面。

（3）打开实验台电源，面板数码管显示后，在滑动轴承压力分布实验界面上单击[开始测试]，开始采集各测试量，同时，按键文字变为[停止测试]；再次单击此键停止各测试量的采集。

（4）空载启动实验台的电动机达到预定转速（350 r/min 左右，在混合摩擦区测拉力计读数时，进行的时间越短越好，以避免轴承损坏）。依次将转速调节到 300、250、200、…、20 r/min（临界值附近的转速可根据具体情况选择）后，可进行相应转速下的实验测试。单击[空载调零]，对各测试量进行清零。

（5）启动实验台的电动机达到预定转速（350 r/min 左右）后，顺时针旋转加载螺杆，逐步加载到预定大小（650 N 左右），依次将载荷调节到 600 N、500 N、400 N、…，可进行不同载荷下的加载实验测试。

（6）待测试数据稳定后，单击[实测曲线]，界面显示油膜压力周向分布实测曲线。

（7）单击[仿真曲线]，界面显示油膜压力周向分布仿真曲线。

（8）单击[轴向分布]，界面显示油膜压力轴向分布曲线。

（9）单击[数据保存]，软件自动将实验数据和结果保存到自定义的文件夹内。

（10）如果要查询实验数据或打印实验数据，单击[数据查询]，弹出摩擦状态数据查询界面。

（11）如果要做其他实验，单击[返回]进入滑动轴承实验简介界面，单击选定的实验内容键进入有关实验界面，以下步骤同前。

（12）如果实验结束，单击"退出"，返回 Windows 界面。

（13）关掉实验台操作面板上的调速按钮，使电机停转。

（14）卸载、减速、停机，结束实验。

平面机构运动简图测绘实验报告

学 生 姓 名		学　　号		成　　绩	
实 验 日 期	年　　月　　日第　　节			组　　别	
学生所在学院				实 验 教 师	

一、实验目的

二、实验设备和工具

三、平面机构运动简图测绘及自由度计算

1. 机构名称：　　　　　　　　　　　　（ $\mu_L = L_{AB}/l_{ab} =$ 　　　　　）

构件长度：（以毫米为单位，取整数）

机构自由度计算：$n =$ 　　　　$p_l =$ 　　　　$p_h =$

$$F = 3n - (2p_l + p_h)$$

机构运动是否确定：

理　　由：

2. 机构名称： （ $\mu_L = L_{AB}/l_{ab} =$ ）
构件长度：（以毫米为单位，取整数）

机构自由度计算： $n=$ $p_l=$ $p_h=$
$$F = 3n - (2p_l + p_h)$$
机构运动是否确定：
理　由：

四、简要回答下列问题

1. 机构运动简图的定义是什么？

2. 绘制机构运动简图时，如何选取投影面？

3. 机构自由度计算时应注意哪些事项？

4. 机构自由度计算对绘制机构运动简图有何作用？

平面机构运动参数测试与分析实验报告

学 生 姓 名		学　　号		成　　绩	
实 验 日 期	年　　月　　日 第　　节			组　　别	
学生所在学院				实 验 教 师	

一、实验目的

二、实验要求

三、绘制平面机构运动简图（要求：按比例绘制）

四、**实验步骤**（按照实际操作过程）

五、**实验过程记录**（数据、图表、计算等）

六、**实验结果分析**（实测图线与理论计算所得曲线有何差异？试分析其原因）

渐开线直齿圆柱齿轮的参数测定实验报告

学 生 姓 名		学　　号		成　　绩	
实验日期	年　月　日第　节			组　别	
学生所在学院				实验教师	

一、实验目的

二、测量数据

测量内容		已知参数	模数制齿轮			
			$h_a^*=1$（正常齿） $h_a^*=0.8$（短齿）		$c^*=0.25$（正常齿） $c^*=0.3$（短齿）	
d_a、d_f、h 的测量	齿数为偶数时（$z=$　）被测齿轮编号（　）	测量次数	1	2	3	平均值
		d_a(mm)				
		d_f(mm)				
		$h=(d_a-d_f)/2=$				
	齿数为奇数时（$z=$　）被测齿轮编号（　）	测量次数	1	2	3	平均值
		D(mm)				
		H_1(mm)				
		H_2(mm)				
		$d_a=D+2H_1=$				
		$d_f=D+2H_2=$				
		$h=H_1-H_2=$				

三、计算结果

1. 确定模数 m、分度圆压力角 α

(1) 齿数为偶数时（$z =$ ）被测齿轮编号（   ）。

$p_b =$ $m =$ $\alpha =$

(2) 齿数为奇数时（$z =$ ）被测齿轮编号（   ）。

$p_b =$ $m =$ $\alpha =$

2. 计算变位系数

(1) 齿数为偶数时（$z =$ ）被测齿轮编号（   ）。

$s_b =$

$x =$

(2) 齿数为奇数时（$z =$ ）被测齿轮编号（   ）。

$s_b =$

$x =$

3. 计算标准中心距、测量实际中心距

四、确定传动情况，并判断变位齿轮存在的情况及依据

五、思考题

1. 测量偶数与奇数齿齿轮的 d_a 与 d_f 时，所用的方法有什么不同？为什么？

2. 齿轮公法线长度的计算公式为 $W'_k = (k-1)p_b + s_b$，此公式是依据什么性质推导得到？

齿轮范成原理实验报告

学 生 姓 名		学　　号		成　绩	
实 验 日 期		年　　月　　日第　　节		组　别	
学生所在学院				实 验 教 师	

一、实验目的

二、实验参数

（1）齿条刀具：模数 $m = 10$ mm；压力角 $\alpha = 20°$；齿顶高系数 $h_a^* = 1$、顶隙系数 $c^* = 0.25$。

（2）被加工齿轮：齿数 $z = 20$；　$x = \pm 0.5$。

三、齿廓图（粘贴处）

四、计算结果

名　称	计　算　公　式	计　算　值			结　果　比　较	
		标准齿轮	正变位齿轮	负变位齿轮	正变位齿轮	负变位齿轮
分度圆直径	$d = mz$					
齿顶圆直径	$d_a = (z + 2h_a^* + 2x)m$					
齿根圆直径	$d_f = (z - 2h_a^* - 2c^* + 2x)m$					
基圆直径	$d_b = mz\cos\alpha$					
分度圆周节	$p = \pi m$					
基圆齿距	$p_b = p\cos\alpha$					
分度圆齿厚	$s = \left(\dfrac{\pi}{2} + 2x\tan\alpha\right)m$					
分度圆齿间	$e = p - s$					
齿顶高	$h_a = (h_a^* + x)m$					
齿根高	$h_f = (h_a^* + c^* - x)m$					
齿全高	$h = (2h_a^* + c^*)m$					
齿顶厚	$s_a = d_a\left(\dfrac{\dfrac{\pi}{2} + 2x\tan\alpha}{z} + \text{inv}\alpha - \text{inv}\alpha_a\right)$					
基圆齿厚	$s_b = mz\cos\alpha\left(\dfrac{s}{mz} + \text{inv}\alpha\right)$					

注：结果比较栏中，尺寸比标准齿轮大填入"＋"，小填入"－"，不变填入"0"。

五、思考题

1. 通过实验，你所观察到的根切现象发生在基圆之内还是基圆之外？是由于什么原因引起的？如何避免根切？

2. 比较用同一齿条刀具加工出的标准齿轮和正、负变位齿轮的各参数尺寸，哪些变了？哪些没有变？

机构认识实验报告

学 生 姓 名		学　　号		成　　绩	
实 验 日 期	年　　月　　日第　　节			组　　别	
学生所在学院				实 验 教 师	

一、实验目的

二、实验内容

三、思考题（由指导教师提供）

四、实验体会

平面机构创新组合实验报告

学 生 姓 名		学　　号		成　　绩	
实 验 日 期	年　　月　　日第　　节			组　　别	
学生所在学院				实验教师	

机构名称：

系统运动方案的机构简图及其实测的机构运动学尺寸：

装配示意图：

实验中遇到的问题及解决的方法：

心得体会及建议：

五连杆机构轨迹综合及其智能控制实验实验报告

学 生 姓 名		学　号		成　绩	
实 验 日 期	年　月　日第　节			组　别	
学生所在学院				实验教师	

一、实验记录

机构类型	输入指令	输出轨迹
五连杆机构（解耦）	杆件长度（mm）：$l_{S1}=40$，$l_{S2}=40$，$l_{S3}=-40$，$l_{S4}=40$，$l_{S5}=0$； 杆件质量（g）：$m_1=500$，$m_2=500$，$m_3=500$，$m_4=600$； 转动惯量（g·mm²）：$J_1=50\,000$，$J_2=50\,000$，$J_3=50\,000$，$J_4=60\,000$；	
五连杆机构（未解耦）	杆件长度（mm）：$l_1=40$，$l_2=200$，$l_3=200$，$l_4=40$，$l_5=150$； 杆件质量（g）：$m_1=500$，$m_2=500$，$m_3=500$，$m_4=500$； 转动惯量（g·mm²）：$J_1=8\,000$，$J_2=3\,000$，$J_3=3\,000$，$J_4=8\,000$；	

二、思考题讨论

三、小结及心得体会

带传动实验报告

学 生 姓 名		学 号		成 绩	
实验日期	年 月 日第 节			组 别	
学生所在学院				实验教师	

一、实验目的

二、实验装置结构简图

三、实验装置原始数据

（1）V带： 型号_____；V带的标准长度_____mm；
带轮直径：$D_主$ = _____mm； $D_从$ = _____mm；
中心矩_____mm； 传动比（$D_从/D_主$）_____。

（2）电动机：型号_____；额定功率_____kW；同步转速 n_d = _____r/min。

（3）转矩转速传感器：
输入端：型号_____；额定转矩_____N·m；转速范围_____r/min；
输出端：型号_____；额定转矩_____N·m；转速范围_____r/min。

（4）磁粉制动（加载）器：型号_____；额定转矩_____N·m；允许滑差功率_____kW。

四、测定 V 带传动效率及滑动率时选择的工况参数

电动机（空载）转速 $n_1 =$ _____ r/min；输入功率范围：_____ ~ _____ kW

实验数据采集方式：_____ 采样；带的挠度 _____ mm。

五、实验步骤

六、实验结果分析

（实验曲线打印结果粘贴处）

七、思考题

1. 带传动的弹性滑动和打滑现象有何区别？在传动中哪一现象可以避免？当 $D_主 < D_从$ 时打滑发生在哪个带轮上，并试分析原因？

2. 影响带传递功率的因素有哪些？

啮合传动实验报告

学 生 姓 名		学　　号		成　　绩	
实 验 日 期	年　月　日第　节			组　　别	
学生所在学院				实 验 教 师	

一、实验目的

二、实验装置结构简图

三、实验装置原始数据（四选一）

（1）齿轮减速器：类型_____；齿数：$z_主$ = _____、$z_从$ = _____；
　　　　减速比（$z_从/z_主$）_____；中心距 = _____ mm；

（2）蜗杆减速器：蜗杆类型_____；蜗杆头数 $z_主$ = _____；蜗轮齿数 $z_从$ = _____；减速比（$z_从/z_主$）_____；中心距 a = _____mm；

（3）链传动：链号_____；链节距 p = _____mm，链轮齿数：$z_主$ = _____、$z_从$ = _____；减速比（$z_从/z_主$）_____；

（4）同步带传动：同步带轮齿数 $z_主$ = _____、$z_从$ = _____，同步带长：_____mm；
　　　　减速比（$z_从/z_主$）_____。

四、测定啮合传动实验时选择的工况参数

电动机（空载）转速 n_1 = _____ r/min；入功率范围：_____ ~ _____ kW；
实验数据采集方式：_____ 采样。

五、实验步骤

六、实验结果分析

（实验曲线打印结果粘贴处）

七、思考题

1. 啮合传动装置的效率与哪些因素有关？

2. 啮合传动中各种传动类型各有什么特点？其应用范围如何？

机械传动系统设计及系统参数测试实验报告

学 生 姓 名		学　　号		成　　绩	
实 验 日 期		年　月　日第　节		组　别	
学生所在学院				实 验 教 师	

一、实验目的

二、可供选择的实验设备

（1）Y90L-4 电动机：额定功率 1.5 kW；同步转速 1 400 r/min。

（2）V 带传动：

Z 型带基准长度：900 mm\1 000 mm\1 250 mm\1 400 mm

Z 型带轮基准直径：106 mm\132 mm\160 mm\190 mm

（3）HTS 8M 同步带传动。同步带轮齿数：32\40；同步带长：1 040 mm\1 200 mm。

（4）链传动。链号：08B，链节距 $p=12.70$ mm；链轮齿数：21\24\27。

（5）JSQ-XC-120 齿轮减速器（斜齿）：

减速比 1∶1.5，齿数 $z_1=38$、$z_2=57$，螺旋角 $\beta=8°16'38''$，中心距 $a=120$ mm；

（6）NRV063 蜗杆减速器：

蜗杆类型 ZA，轴向模数 $m=3.250$，蜗杆头数 $z_1=4$，蜗轮齿数 $z_2=30$，减速比 1∶7.5。

三、实验题目

四、设计实验方案说明

五、绘制传动简图

六、实验步骤（按照实际操作过程）

（实验曲线打印结果粘贴处）

七、实验结果分析

减速器的拆装及其轴系的结构分析实验报告

学 生 姓 名		学　号		成　绩	
实 验 日 期	年　月　日第　节			组　别	
学生所在学院				实验教师	

一、实验目的

二、拆装减速器的主要参数

减速器名称							
齿数及旋向	序号	齿数	旋向	中 心 距		高速级（mm）	
	z_1					低速级（mm）	
	z_2			中 心 高		H（mm）	
	z_3			箱体外廓尺寸		长×宽×高（mm）	
	z_4			地脚螺栓孔距		长×宽（mm）	
传 动 比	i_1				轴承代号		轴承数量
	i_2			输入轴			
	i			中间轴			
润滑方式	齿 轮			输出轴			
	轴 承			齿轮副侧隙（μm）			
密封方式	轴与端盖孔之间						
	上箱盖与下箱之间						
模　数 m_n	高 速 级						
	低 速 级						

三、绘制减速器传动示意图

（图中应标出中心距、输入输出轴及方向、齿轮序号及旋向、轴承代号等）

四、列出减速器外观附件名称

五、轴系结构分析（选择填空题）

1. 齿轮在轴上的轴向定位是由_____（轴肩、轴套、端盖、挡圈）实现的。周向定位是由_____（销、键、过盈配合、紧定螺钉）实现的。
2. 轴承在轴上的轴向定位是由_____（轴肩、轴套、端盖、挡圈）实现的，周向定位是由_____（销、键、过盈配合、紧定螺钉）实现的。
3. 轴系在箱体上的定位是由_____（轴承座孔、端盖、螺钉）实现的。
4. 需要进行间隙调整的地方是_____（轴向间隙、径向间隙），调整方法是_____（调整螺母、调整螺钉、增减调整垫片）。需调整的原因是_____（转动灵活、齿轮啮合好、保持适当的间隙）。
5. 轴肩长度应比齿轮轮毂宽度_____（大、小），才能使齿轮轴向定位。
6. 轴肩高度应比轴承内圈外径_____（大、小、相等），以便对轴承进行拆装。
7. 轴承端盖与轴承外圈接触处的厚度不能太_____（厚、薄），否则将与_____相碰擦。
8. 轴承端盖孔与轴外径之间应留有足够的_____（轴向间隙、径向间隙），以避免二者碰擦，而此处的泄漏问题由_____（密封装置、回油装置、防尘装置）避免。

机械零件认识实验报告

学 生 姓 名		学　　号		成　绩	
实 验 日 期	年　　月　　日第　　节			组　别	
学生所在学院				实验教师	

一、实验目的

二、实验内容

三、思考题（由指导教师提供）

四、实验体会

复杂轴系拆装及结构分析实验报告

学 生 姓 名		学　　号		成　　绩	
实 验 日 期	年　　月　　日第　　节			组　　别	
学生所在学院				实 验 教 师	

一、实验目的

二、实验内容

三、画出复杂轴系装配图（整理结构分析的内容、实验数据，以及零件的相应位置，应用创新方案或变更方案的局部结构图）

四、思考题

液体动压润滑向心滑动轴承实验实验报告

学 生 姓 名		学　　号		成　绩	
实 验 日 期	年　月　日　第　节			组　别	
学生所在学院				实验教师	

一、实验目的

二、实验台结构简图及工作原理

三、实验结果

（1）叙述滑动轴承产生液体摩擦的现象。

（2）绘制周向油膜压力分布曲线。

表 1　周向油膜压力分布测试数据

载荷 kgf	主轴转速（r/min）	压力表号及其读数（kgf/cm²）							
		1	2	3	4	5	6	7	8

（3）绘制轴向油膜压力分布曲线。

（4）摩擦系数与轴承特性系数 f-λ 的曲线。

表 2　摩擦系数与轴承特性系数测试数据

拉力计读数								
n								
f								
λ								

绘制轴承特性系数曲线

（5）求实测端泄对油膜轴向压力分布不均匀的影响系数 K 值。

参 考 文 献

[1] 孙桓，陈作模. 机械原理[M]. 北京：高等教育出版社，2001.
[2] 黄茂林. 机械原理[M]. 重庆：重庆大学出版社，2002.
[3] 宋立权. 机械基础实验[M]. 北京：机械工业出版社，2005.
[4] 钱向勇. 机械原理与机械设计实验指导书[M]. 杭州：浙江大学出版社，2005.
[5] 濮良贵，纪名刚. 机械设计[M]. 北京：高等教育出版社，2005.
[6] 李靖华，王进戈. 机械设计[M]. 重庆：重庆大学出版社，2002.
[7] 陆天炜，吴鹿鸣. 机械设计实验教程[M]. 成都：西南交通大学出版社，2006.
[8] 董贾寿，张文桂. 实验室管理学[M]. 成都：电子科技大学出版社，2004.
[9] 杨昂岳，毛笠泓，夏宏玉. 实用机械原理与机械设计实验技术[M]. 长沙：国防科技大学出版社，2009.